O

疯狂的植物

汪诘 何慧中 著

CTS K 湖南科学技术出版社·长沙

序言：没有植物，就没有现在的地球

在这本《疯狂的植物》中，我们将为大家讲述植物背后曲折离奇、引人入胜的传奇故事，也将关注植物与动物、植物与人类以及植物与环境之间的关系。就像评价一个人的成就时，要看他的社会贡献一样，某种植物存在的意义，也能从深度依赖这种植物的其他物种身上体现出来。

人类每时每刻都在消耗着大量的植物资源。我们身上穿的棉麻、吃的粮食蔬菜、盖房子或做家具要用到的木材、物流运输用的纸箱，这些都是植物制品。可以说，我们的衣食住行都离不开植物。

你可能会想，现在合成材料越来越多，是不是我们对植物的依赖会逐渐减少呢？其实不然。联合国粮食及农业组织发布的一份报告显示，人类对木材的需求量在持续上升，预计到 2050 年，木制品的消费量还将增长 37%[1]。

我们依赖木材的原因非常简单：在当前所有的合成材料中，性能比木材好的，价格比木材贵；价格便宜的，性能又赶不上木材。由于木材需求量的持续上涨，在 2010～2020 年十年间，世界森林面积年均减少超 4 万平方千米[2]。

很显然，按这样的速度减少下去，地球上所有的森林都会在不远的将来变成荒山，人类也将会没有木材可用。不过人类不会坐以待毙，我们对抗森林减少的办法就是植树造林。

在植树造林这件事上，我国是名副其实的世界第一。1949 年新中国

---

1 FAO. 2022. *Global forest sector outlook 2050: Assessing future demand and sources of timber for a sustainable economy-Background paper for The State of the World's Forests 2022.* FAO Forestry Working Paper, No. 31. Rome.

2 FAO. 2020. *Global Forest Resources Assessment 2020 - Key findings.* Rome.

刚成立的时候，我国的森林覆盖率只有可怜的 8.6%，到 2022 年，这个数字已经提高到 24%，是之前的近 3 倍。仅在 2022 年一年中，我国就新增了 38 300 平方千米的人工林。目前我国森林总面积为 220 万平方千米，其中超过 1/3 都是人工林。以前，我们提倡少用一次性筷子来保护森林，而现在，生产一次性筷子的木材已经成了一种健康方便的可再生资源。这都是植树造林给生活带来的改变[1]。

但是，不知道你有没有想过，除了人类以外，其他动物也非常依赖植物。不管是食草动物还是食肉动物，不管动物的食物网有多么复杂，它们赖以生存的原始能量都来源于植物。人类懂得植树造林，懂得不涸泽而渔，但动物可不懂。那么在人类出现之前，动物为什么没有把所有植物都吃完呢？

你可能会说，这算什么问题？植物比动物生长得更快，动物当然就没办法把植物吃光咯。

事情哪有那么简单。要知道，植物的生长受限于照射到地面的阳光总量，所以植物并不会无限制地增加。但动物并不靠阳光生活，只要食物充足，它们就必然会繁殖后代，物种的数量自然就会呈指数级增长。你可以想象，一个家庭每个月赚到的钱是有限的，但随着家里孩子的增多，花钱的地方越来越多。于是总有一天，家里的钱会被彻底花光。

这个现象在自然畜牧业中体现得十分明显。牧民必须不断赶着羊群去寻找新的草场，一旦停下来，羊群很快就会把草吃光，然后因为缺少食物而饿死。更加明显的例子是那些危害农作物的害虫。在虫害爆发的时候，如果不使用农药进行控制，害虫们会吃光农作物的最后一片叶子。

1　中华人民共和国自然资源部 . 2022 年中国自然资源统计公报 . 2023.

所以你看，无论是推论，还是实际观察，植物被动物吃光似乎都是一件天经地义的事情。然而，从整个地球的角度来看，这件事并没有真的发生。这就是生态学上很经典的"绿色世界悖论"。

意大利植物学家斯特凡诺·曼库索在他的书里估算过[1]，地球上的生物总量大约有 99.7% 都是植物。虽然这个估算出来的数字仍存在争议，但植物才是生物圈的主体，这是毋庸置疑的事情。很显然，从整个地球的大环境来看，植物不仅没有被动物吃光，而且还相当繁盛。

讲到这里，你一定想到了一个很熟悉的词——生态平衡。没错，当一个区域的生态失去平衡，就会出现草被羊吃光、庄稼被蝗虫吃光的情况。而且，吃光了植物的羊与蝗虫并不是最后的胜利者，它们很快就会因为食物短缺而大量死亡。

那么，生态是如何失衡，又是如何重建的呢？科学家们发现，生态与一个地区植物种类的多样性高度相关。牧场、果园、农田里的植物多样性非常低，很多时候，一片果园或者农田里只有一种主要植物。一旦遭受虫害，如果不借助农药的力量，农作物就必然会遭受来自害虫的毁灭性打击。

幸运的是，只要一个植物的种群足够大，它们就很难被彻底灭绝。之所以总会有一些植物在劫难中幸存，并不是因为动物们有意高抬贵手，放它们一条生路，更大的可能是这些植株对于动物来说很不好吃，甚至是有毒的。

植物都是传宗接代的高手。"春种一粒粟，秋收万颗子。"这句耳熟能详的古诗其实并没有过分夸张。有人专门把饱满的谷穗摘下来，一粒一粒数出谷子的数量，结果发现竟然有 8 597 粒。如果使用称重法来统

1　Mancuso, S., & Viola, A. (2015). *Verde brillante. Sensibilità e intelligenza del mondo vegetale.*

计谷穗中谷子的平均数量，也能得出每个谷穗有超过 5 000 粒种子的结论。这与诗中"万颗子"的说法相去不远。兰花的种子比谷子更小，简直可以说是轻如烟尘。不同种类的兰花，蒴果中包含的种子数量从几千粒到几十万粒不等。

数量巨大的种子为植物增加了生存的机会，同时也创造出更多的基因突变。那些外表看起来一模一样的植物，在基因层面上其实有很多细微的差异。

比如说，有一种基因能够调控棉花叶片上绒毛的数量。这种变化看起来微不足道，但对于危害棉花的棉铃虫来说，较少绒毛的叶片会干扰它们的产卵行为。这就导致在棉铃虫高发的季节，绒毛较少的棉花植株可以逃过一劫[1]。

棉花叶片表面的绒毛数量不同造成的视觉差异极小，虽然很难注意到，但仔细观察还是能分辨出来。可另外一种野生马铃薯就不同了。一个极小的基因差异，就可以让蚜虫爬过野生马铃薯的时候导致叶片表面腺毛折断，腺毛里的有毒物质被释放出来，将入侵的蚜虫杀掉。只有遭遇虫害时，两种野生马铃薯才能被区分开来，而在平时，它们看起来是完全相同的。

我给你讲这些故事，是想提醒你注意一件事情：不是只有不同品种的植物才存在差异。演化无时无刻不在发生，同一种植物的不同植株之间，总是具有这样那样的细微差异，就是这些细微的差异，成为危难时刻拯救植物种群的重要力量。

不仅同一种植物的不同植株之间存在差异，就算是在同一株植物上，也随时随地上演着演化的大戏。估计每个人都有过这种经历：在几

1　周明祥.作物抗虫性原理及应用[M].北京：北京农业大学出版社，1992.

斤甜橘中，突然吃到一个特别酸的橘子，或者在一堆青椒里，突然冒出一个能辣到让人涕泗滂沱的"另类"。很有可能，那些甜橘与那个特别酸的橘子来自同一棵树，那个超辣的辣椒与那些清甜的青椒出自同一株苗。

这种现象一点都不夸张，相反，这在植物界是经常发生的现象。一个新芽刚刚萌发，如果在细胞分化时受到某种干扰（也许是紫外线，也许是一些化学刺激），基因就会发生突变。这种情况下，这根新长出来的枝条就拥有了与母本植物不同的基因。大多数时候，这根新的枝条与母本的基因差别不大，只有它们结出味道不同的果子时，才会被人们注意到。

千万别小看这些变化。如果某种植物遭遇了毁灭性的灾难，绝大多数枝条都颗粒无收，却可能会有一根不起眼的枝条依然硕果累累，为这种遭遇了灭顶之灾的植物保存了生命的火种。

DNA 是所有生命共同的密码，而基因突变又是 DNA 分子的内禀属性。无论是动物还是植物，只要生命不止，基因突变就会不停地发生。但是在植物的世界里，基因突变带来的影响远比在动物界大得多。

对于动物来说，整个身体由若干个复杂的系统组成，各个系统之间相互影响、相互支持。任何一个系统出现问题，都可能对生命造成严重后果。但是植物不一样，它们的生命结构更加简单，细胞的全能性也更明显，可以互相替代，这就让发生突变的植物大多数都能顺利存活下来。

想象一下就能理解，如果动物的血糖含量提高十倍，那它绝对无法生存。但是对于植物来说，这根本算不上什么问题，人工培育的甘蔗和甜菜，它们体内的含糖量提高了何止十倍，但依然生存得很好。

好了，上面讲了那么多前置知识，现在我们可以回到"为什么动物没有把植物吃完"这个有趣的问题上来了。答案就是："动"高一尺，

"植"高一丈。植物在生长和繁殖的过程中，不断地产生着各种各样的基因突变，而丰富的基因多样性，让植物具备了多种多样的应对动物的能力。

紫色甘蓝会改变叶片的颜色来避免蚜虫通过光谱找到它们；苦楝树会散发气味来抑制稻瘿蚊在树上产卵；马铃薯分泌的龙葵素能让很多种害虫在啃食叶片后产生不良反应，最终停止咬食叶片；野生的胡萝卜把营养物质转移到了膨大的根中，所以就算是哺乳动物吃光了它们暴露在地面上的叶子，它们也还能发出新芽。

植物不会动，但它们会积极地利用基因突变改变自己，在适应环境变化的同时，也不断地避免被动物们吃光。

当然，动物也不会在植物发生改变后坐等着饿死。那些与时俱进，适应了植物变化的动物们会存活下来，并且在植物的引导下变得多种多样。从某种意义上来说，避免被动物吃光成了推动植物演化的最重要的动力，而想方设法吃掉植物，则是推动动物演化的最重要的力量之一。正是这个持续了数亿年的"不想被吃光"和"我要吃掉你"之间的生存竞争，创造了这个丰富多彩的世界。

但是人类显然是生物圈中的一个例外。虽然我们也是动物，但是论起对地球的影响力，任何其他生物都无法与我们匹敌。通过加工和烹饪，人类可以放心地食用那些原本有毒的植物；通过选育和杂交，我们创造出大量更好吃的植物。在最近的几千年里，人类早已成为利用植物资源的专家。现在，我们仍然在努力深挖植物资源的潜力，让它们更好地为人类服务。

人类是唯一一种有能力"吃光"所有植物，打破"绿色世界悖论"的动物。但好消息是，我们知道自己对植物的依赖程度远超其他动物，所以，我们主观上并不想把植物"吃光"。

疯狂的植物

在本书中，我们会去讲述动物与植物间的"爱恨情仇"，并且更聚焦人类与植物的"相爱相杀"。正因为与植物有着共同的祖先、遵守着共同的规则，我们才更需要跳出人类自身的逻辑，回到这个地球今时今日最基本的逻辑——用共生和竞争的角度，去看看我们熟悉的世界、我们熟悉的各种植物。

好了，现在就请各位读者做好准备，一大波疯狂的植物，就要来袭了！

目　录

第一章　古老的故事

大氧化事件，唤醒活跃的世界

如果有机会在黎明到来之前走进植物繁茂的温室花园，你可能会有一种误入热带雨林的错觉。此时的温室中，植物的叶片犹如黑色的巨手，重重叠叠地遮蔽了微弱的天光，经过一夜的消耗，空气中的含氧量已经降低到不足19%，整个环境都给人一种憋闷阴翳的感觉。

好在这并不会持续太久。当第一缕晨光劈开黑暗照进温室，一切都在瞬间发生了改变。整个温室就像一个被解除了魔法诅咒的童话王国，瞬间变得活跃起来。空气中的二氧化碳含量迅速降低，含氧量则迅速升高。

在微观尺度上，叶绿素中的电子正在太阳光子的轰击下变得异常活跃，它们中的大部分变成了植物合成有机物的能量，少部分则逃离出来，与空气中的氧分子结合，形成所谓的负氧离子。

植物、阳光、鸟鸣、清新的空气……此时此刻，不知道你会不会跟我一样，对这个能够自由呼吸的美丽世界心生感激？

氧元素是地球上含量最高的元素。在地壳中，氧元素占据了整个地壳质量的48.6%，接近一半。

看起来，我们最不缺少的就是氧元素。那为什么在洞穴、密室甚至温室当中，我们都会感觉憋闷，甚至面临窒息的风险呢？

原因也很简单，那就是氧元素太过活跃了。在非金属元素中，氧元素是仅次于氟以外第二活泼的元素。由于活跃的化学性质，氧可以和元素周期表中大部分的元素进行结合产生氧化物，甚至与"惰性气体"中的氪、氙都能结合。

只要有机会，氧气就会与各种各样的物质发生反应。年久发黄的照片、青铜器上产生的铜绿、油脂搁置一段时间产生的"哈喇味"，这些都是氧气在作祟。不仅燃烧会消耗氧气，呼吸要消耗氧气，就连家里的塑料制品、墙面漆、金属器皿，这些看起来很稳定的东西，都在慢慢地发生着氧化反应。洁白的大理石放久了就会发黄，也是其中的铁元素发生氧化的结果。

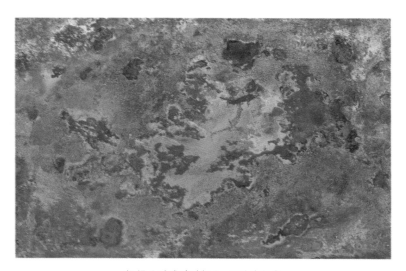

铜绿（碱式碳酸铜），呈孔雀绿色

氧气是一种易耗品，如果不持续地生产它，地球上的氧气会在一段时间内被消耗得一干二净。生产氧气的重任则落在了陆地植物和数量更大的海洋藻类身上。

只要拥有阳光，植物就能持续不断地制造氧气，而这些氧气又不断地被周围各种各样的东西消耗掉。

天文学家在使用探测器观察其他行星的时候，总会特别关注液态水、氧气、甲烷、氨气这些物质的痕迹。因为一旦找到这些物质，就预示着这些星体上有可能产生生命。不过，天文学家们最希望找到的，还是氧气。

如果说发现了水和甲烷就预示着有存在生命的可能性的话，那么发现氧气几乎就等同于发现了外星生命。

其实，世界上有很多厌氧生物，这说明氧气对于生命来说并非一个必选项。但是氧气实在是太活泼了，如果没有什么东西不停地生产氧气，那么氧气不可能在一个星球上长期稳定地存在。所以，如果观察到氧气，几乎就等同于观察到了一个生机盎然的星球。不过很遗憾，天文学家们还从未在外星球上找到过大量氧气存在的痕迹。

由此可见，任何一个星球如果诞生生命，都必须从没有氧气的大环境中迈出生命的第一步。那么有趣的问题就来了：地球上的氧气是什么时候开始产生的？换句话说，那些可以通过光合作用产生氧气的生命，是什么时候出现在地球上的呢？

回到地球刚刚形成的时期，也就是距今大约 46 亿年前。那时的地球无比炽热，熔岩、火山灰裹挟着大量的水蒸气从勉强凝固的地表喷涌而出，遮天蔽日。整个地球表面都流淌着滚烫的岩浆，如同炼狱。

经历了足足 1 亿年的冷却，地球才终于开始降温。大气中的水蒸气凝结在漂浮的火山灰上沉降下来，形成了长达数百万年的降雨，硬是在地球表面形成了覆盖整个地球的原始海洋。

此时，整个地球都被海洋淹没，但地壳下的岩浆依然在蠢蠢欲动，巨大的能量将地下水加热到几百度，在海底形成了一个个高温热泉喷口。就像火山喷发时，火山灰和熔岩会堆积成火山口一样，海底热泉中包含的大量矿物质也会沉积下来，形成一个个形如烟囱的柱状圆丘。

富含硫化物的高温热液，在冰冷的海水中迅速冷却，析出了大量金属硫化物的颗粒，看起来就像是一股股黑烟。于是，科学家们就形象地把这种海底地貌称为"黑烟囱"。

海底黑烟囱

现在的主流科学观点认为，"黑烟囱"就是地球生命起源的地方。

这是一个全新的舞台，没有任何的一定之规，一切都是新的，一切皆有可能。任何生命形式，只要找到了能把自身遗传物质传递下去的办法，那就有生存的希望。"黑烟囱"旁边的海水高温、高压、黑暗，富含金属硫化物和多种矿物质，但唯独没有氧气。所以，嗜热厌氧的硫细菌获得了生存优势，成了这个时代生态圈中最重要的一环。

另外一类重要的生物是产甲烷菌。因为此时地球大气的主要成分是二氧化碳、二氧化硫、水蒸气、氮气和氢气，而产甲烷的生物可以利用二氧化碳和氢气，最后产生甲烷气体。对于它们来说，氧气不只是无用的，更是有毒的。因为它们一旦和氧气接触，氧气的强氧化性就会让它们迅速死亡。

疯狂的植物

于是，氧气是从何时开始出现的，这个问题再一次浮出水面。无论是对于地球科学、环境科学抑或是生物学，这个问题都无比重要，让人无法忽视。

20世纪70年代，美国地质学家普雷斯顿·克劳德（Preston Cloud）[1]在观察20多亿年前形成的铁矿时发现，这个地质年代形成的铁矿，总会呈现出一层颜色深、一层颜色浅的特征。远远看起来，这些富含铁元素的岩层就像是一大块五花肉，浅色的脂肪由黄铁矿（FeS_2）和菱铁矿（$FeCO_3$）混合而成，而深红色的瘦肉则是氧化更加充分的赤铁矿（Fe_2O_3）。这一现象立即引起了他浓厚的兴趣。

经过仔细研究发现，在距今25亿年以及更古老的地层中，铁矿主要以黄铁矿和菱铁矿的形式存在，在距今18亿年以后的地层中，则只存在赤铁矿。这个现象其实很好理解，25亿年以前，地球的大气中几乎没有氧气，所以黄铁矿和菱铁矿才得以沉积下来。到了18亿年前，地球大气中的氧气已经十分充足，无论是黄铁矿中的二硫化亚铁，还是菱铁矿中的碳酸亚铁，都必然会与氧气反应，变成充分氧化的氧化铁。

这种呈现出五花肉外观的铁矿床，只存在于24亿年前～19亿年前之间的地层中。大气中含氧量的波动，造成了赤铁矿和黄铁矿、菱铁矿的交替沉积。克劳德把这一现象称为大气氧化事件，也叫大氧化事件。

说到这里，我们的主角就要登场了，那就是蓝细菌。它们以水和二氧化碳为食，通过光合作用释放氧气。它们正是大氧化事件的缔造者。

我们在之前的著作《植物的战斗》中，曾经多次提到蓝细菌，按照今天的生物学划分，它们不是植物，甚至和植物的亲缘关系非常远。但是它们的行为和生命过程，却和植物非常类似，因此科学界给了蓝细菌"类植物"

1　Preston Cloud. *Encyclopedia Britannica.*

的名分。当然蓝细菌也不是一种生物的名称，而是一大类物种的统称。不过，在接下来我要讲述的故事中，你会发现蓝细菌和植物的关系远没有这么简单，它们不仅仅是类植物，还是植物的祖先。

缠绕在沙粒上的蓝细菌（90 倍放大）

对于当时的蓝细菌来说，它们的日子非常难过，几乎处在灭绝的边缘。你可能会说，当时的地球不缺少二氧化碳，更不缺水，蓝细菌怎么会生存艰难呢？问题就出在光合作用所必需的阳光上。

蓝细菌作为一种脆弱的单细胞生物，如果生活在深海，就见不到阳光；如果生活在浅海，强烈的紫外线就会毫不留情地杀死它们。别忘了，当时的大气中连氧气都没有，就更别提能够阻挡紫外线的臭氧层了。

不过，蓝细菌也并非一点优势都没有。蓝细菌产生的氧气，对于其他的厌氧细菌来说几乎就是毒气；而对于蓝细菌来说，它们不仅不害怕氧气，还能利用氧气进行能量效率更高的有氧呼吸。

有些遗憾的是，这项优势在当时几乎起不到什么作用。这有几项原因：第一，蓝细菌赖以生存的养分——氮、磷等元素，在当时的海洋中比较匮乏，这减缓了蓝细菌的发展；第二，蓝细菌释放的氧气与地壳中的各种元素不断地发生着氧化反应，这让氧气很难聚集起来；第三，也是最重要的，处在优势地位的产甲烷菌不断向空气中释放着大量的甲烷，而甲烷会与空气中本来就所剩不多的氧气发生反应，生成水和二氧化碳，把剩余的氧气消耗殆尽。

到了 25 亿年前，也就是地球 20 亿岁生日后不久，事情终于出现了转机——随着地壳的逐渐冷却，一些特殊的地壳板块运动同时解决了限制蓝细菌发展的三个难题，蓝细菌的发展瞬间一飞冲天。

首先是板块的碰撞推高了山脉，山脉在雨水的冲刷下，将大量蓝细菌需要的营养元素释放到海洋中，成了蓝细菌的养料。特别是刚刚形成的浅海，海水深度适中，既能抵挡紫外线的伤害，又有充足的阳光射入，随时能够得到营养物质的补充，更为蓝细菌的持续生存提供了条件。

由于板块运动，一部分原本处于地壳深处的长英质岩石被抬升到地表，取代了原来的玄武岩。长英质岩石不容易发生氧化，所以对氧气的消耗较少，而玄武岩则更容易消耗氧气。地球表面的氧化效率下降，让更多的氧气有机会被释放到大气当中[1]。

最重要的一个变化有些机缘巧合。随着地壳的进一步冷却，地球上的火山活动逐渐减少。这就导致由火山释放到海水中的镍元素供应不足[2]。科学家们对古老地层岩石的研究表明，在大约 25 亿年前，镍的含量只有之前

1　Lee, C.-T. A., Yeung, et al. A. (2016). Two-step rise of atmospheric oxygen linked to the growth of continents. *Nature Geoscience*, 9(6), 417-424.

2　赵振华. 条带状铁建造 (BIF) 与地球大氧化事件 [J]. 地学前缘 ,2010,17(02):1-12.

的一半 [1]。这个看起来与生命毫不相干的变化，却为蓝细菌的敌人——产甲烷菌带来了生存危机。

镍是一种金属元素，具有磁性。在地球上，我们很难找到镍金属的单质，因为镍非常容易和氧结合形成氧化物。在地壳中，镍总是与铁结合在一起，因此，科学家们猜测，我们的地核是由镍铁混合物组成的 [2]。而对于产甲烷生物来说，镍是至关重要的元素。如果缺少镍，对它们起关键影响的酶就会遭到严重破坏。

镍元素的减少，严重限制了产甲烷菌的繁殖。释放到空气中的甲烷减少，也让空气中的氧气有了积累下来的可能。产甲烷菌不仅要面对缺镍带来的生存危机，还要面对蓝细菌释放的致命氧气，此消彼长之下，蓝细菌终于成了这场持续几亿年的持久战的最后赢家。

对于蓝细菌来说，这是历史转折的一刻。蓝细菌利用随处可见的二氧化碳和水，在可见光的帮助下，合成出自己所需的各种有机物质，顺便把"废气"——氧气，排出到环境中。为了提高生产效率，蓝细菌产生了一种叫作加氧酶（RuBisCo 核酮糖 -1，5- 二磷酸羧化酶）的蛋白质。它或许早在 30 亿年前就已经出现，会在蓝细菌体内浓缩二氧化碳和水，帮助蓝细菌将这些原材料变成身体所需的成分 [3]。在非常短的时间内，蓝细菌从浅海扩张到了海洋的每个角落，源源不断地将氧气从体内排出，进入海洋，再从海洋进入大气。

随着海洋中的氧气逐渐增多，海底和陆地表面的岩石也更多地接触到

1　Konhauser, K. O., Pecoits, E., Lalonde, S. V., Papineau, D., Nisbet, E. G., Barley, M. E., Arndt, N. T., Zahnle, K., & Kamber, B. S. (2009). Oceanic nickel depletion and a methanogen famine before the Great Oxidation Event. *Nature*, 458(7239), 750-753.

2　Stixrude, L., Wasserman, E., & Cohen, R. E. (1997). Composition and temperature of Earth's inner core. *Journal of Geophysical Research: Solid Earth*, 102(B11), 24729-24739.

3　Erb, T., & Zarzycki, J. (2017, August 23). *A short history of RubisCO: The rise and fall (?) of Nature's predominant CO2 fixing enzyme*. Elsevier.

了氧气，这让地球的环境进一步发生改变。由于氧气活泼的性质，更多的矿物质因为氧气的加入而呈爆发式增长。在大氧化事件之前，地球上大约只有十几种矿物，而随着氧气的加入，有 4 400 多种矿物质出现在了地球上，它们大多数都是以氧化物或者结晶水矿物的形式出现[1]。

一旦氧气进入到了大气，由于它活泼的性质，非常容易和甲烷等有机气体发生反应。一次闪电、一次火山喷发，就足以产生毁灭性的火灾。燃烧之后产生了更多的水和二氧化碳，这为蓝细菌提供了更充足的营养，却进一步打击了包括产甲烷生物在内的厌氧生物。一次大屠杀，伴随着氧气的增加而到来。

氧气的出现，对于厌氧生物来说已然是致命的打击，而雪上加霜的是，随着蓝细菌的兴起，二氧化碳逐渐代替了甲烷。尽管我们现在都知道二氧化碳是温室气体，但它的保温性和甲烷相比要低得多，这导致了地球的温度在非常短的时间内急剧下降。自 24 亿年前~21 亿年前左右，地球足足下了 3 亿年的雪。在这场"休伦冰河时期"，整个地球变成了"雪球"，从两极到赤道全部结冰，赤道地区的海洋至少被 1.6 千米厚的冰层覆盖，平均气温下降到了 −50℃。连一部分蓝细菌都因为这场自己创造的灾难惨遭灭绝。尽管距离今天太过于久远，我们很难准确计算出这次事件究竟造成了多少生物的灭亡，但科学家估计当时地球上约有 80%~99.5% 的生物死亡了[2]。直到今天，侥幸活下来的厌氧古细菌生物也只能在非常极端的环境下生存，要不就是浓度极高的盐湖，要不就是海水温度高达 70~80℃的海底火山口附近。只有在别的生物无法或者不屑生存的环境中，才能找到这

1　Hazen, R. M. (2010, March 1). *Evolution of minerals*. Scientific American.

2　Hodgskiss, M. S. W., Crockford, P. W., Peng, Y., Wing, B. A., & Horner, T. J. (2019). A productivity collapse to end Earth's Great Oxidation. *Proceedings of the National Academy of Sciences of the United States of America*, 116(35), 17207−17212.

些古老的生物，它们在黑暗之中唏嘘着曾经的辉煌。

但有失败者，就会有胜利者。蓝细菌站到了舞台的中央，氧气作为地球上的重要气体，成为所有生物都必须考虑的生存因素。很多原核生物演化出了既可以在有氧环境下生存，又可以在无氧条件下生存的绝技。比如我们熟知的乳酸菌，它更喜欢在无氧的条件下生存，但它也不会因为和氧气接触而死亡。此外，伴随着数量的增加，氧气也从地表扩散到了地球大气的平流层，在那里它们遭受了紫外线的"攻击"，由两个氧原子组成的氧气被打散，形成了由三个氧原子组成的臭氧，这阻挡了更多的紫外线进入地球表面，为新生的生物，尤其是陆地生物平添了一层保障。

更重要的是，氧气的活跃性让化学反应的速度加快了许多，这就让生物有了更多的能量去发展自己。单细胞结构对于生物来说已经太简单了，生物需要分化出更多的细胞，组成不同的结构去消耗多余的能量。因此，很快，真核生物开始出现，有了专门的细胞器去分配能量；多细胞生物也开始出现，有了专门的器官去分配能量，生命的形态也越发多样。如何生产和消耗氧气，成为了后世生物必须攻克的课题。

其中的一部分生物，选择追随蓝细菌的道路——蓝细菌化身为它们身体中的叶绿体，将古老的传统沿袭至今。它们成为了今天的植物，利用光合作用生存。

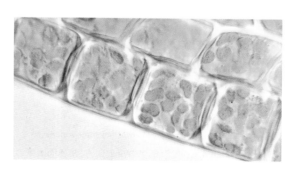

苔藓的叶绿体

　　　　　　　　　　　　　　　　　　　　　　　疯狂的植物

另外一部分生物，选择把氧气作为生存的条件，因为这是地球上最容易获得的资源之一。虽然它有无数的缺点，但是数量充裕和化学性质活泼，是它无与伦比的最大优点。这些生物就成了今天的动物，利用呼吸作用生存。

故事讲到这里似乎应该告一段落了，但科学家们并没有停下研究的脚步。原因是，虽然我们知道了大氧化事件发生的时间，却仍然不知道蓝细菌作为唤醒了地球生物圈的最大功臣，到底是什么时候出现的。我们只知道它们在地球上繁盛的时间，却不知道它们已经默默努力了多久。

就职于美国宾夕法尼亚大学的地球化学家大本洋（Hiroshi Ohmoto[1]）带领他的研究小组，尝试着寻找含有氧化物且比 24 亿年前更加久远的沉积岩[2]。

他们相信，在更古老的年代里，蓝细菌虽然在生存上不占优势，但仍在兢兢业业地释放着氧气。即便这些氧气根本没有机会进入大气，它们也会在海水中发生令人无法忽视的氧化反应，而这些海水中的氧化物，最终会沉入海底，变成古老的沉积岩，记录下蓝细菌生存过的痕迹。

大本洋带领团队深入地下，寻找从未被风化作用影响过的古老岩石，仔细测定岩石的成分，希望找到氧气存在过的蛛丝马迹。

功夫不负有心人，2009 年，大本洋团队终于在澳大利亚西北部皮尔巴拉克拉通的山底部，找到了一片非常古老的铁矿床。这片铁矿床由赤铁矿和菱铁矿交替堆叠形成，就像一块巨大的五花肉。经过年代测定，铁矿床的年龄超过了 34.6 亿岁。这意味着，早在 34.6 亿年前，蓝细菌就已经开始兢兢业业地改造我们的星球了。

对于人类来说，34.6 亿年是一个漫长到不可思议的时间尺度。作为植

1　*Hiroshi Ohmoto*. (2020, March 23). Penn State Department of Geosciences.

2　Messer, A. (2009, March 24). Deep sea rocks point to early oxygen on earth. *Penn State News*.

物的共同祖先，蓝细菌竟然把自己曾经努力生存的信息，通过创造矿物的方式留存了下来。

这是两个伟大的物种跨越数十亿年的对话，更是一次关于生命的有力宣言。我们曾经以为，是地球孕育了万物生灵，但了解了蓝细菌的故事之后，我们不得不感慨，这美丽的地球，又何尝不是生命创造的奇迹？

古多倍化：植物演化的发动机

公元 1100 年，也就是北宋元符三年，阴历七月初四，在当时的广南西路廉州合浦（今广西合浦）的码头上，一群人正在焦急地望着远方的海面。过了许久，一只小船渐渐出现在了大家的视野中。又过了半晌，小船终于靠岸。只见一位中年人，搀扶着一位白头发、白胡子的老者从船舱里走了出来。这位老者的名气，无论在彼时还是今日，都超过了当时执政的皇帝。他，就是不久前刚刚从海南岛被召回的苏东坡[1]。

合浦是这位老人漫长旅行的下一站。当得知苏东坡要被安置在合浦时，无论是当地的官员还是普通老百姓都沸腾了。每个人都想目睹一下这位文坛巨星的模样。他们很幸运地等到了苏东坡，当地很多百姓也奉上了新鲜的蔬菜瓜果让苏东坡品尝。其中有一种黄色带壳的水果，引起了苏东坡的注意。

他拿起了一粒果实端详，它看起来和荔枝有点相似。早在几年前，苏东坡被贬惠州时曾经尝过荔枝，还留下了著名的诗句"日啖荔枝三百颗，不辞长作岭南人"。但很可惜，苏东坡抵达合浦的时候，荔枝已经过季，他没有办法重温荔枝的甘甜。他尝试着把外壳捏开，只见晶莹的果肉露了出

---

1 李一冰. 苏东坡新传 [M]. 成都：四川人民出版社，2020.

来，这让它看起来与荔枝更像了。苏东坡把果肉放进嘴里，品尝了一下，甘甜可口，汁水满嘴。苏东坡连忙询问这是什么水果，当地人告诉他这种水果叫作龙眼，又称桂圆。相比荔枝，龙眼成熟的时间要晚上至少半个月。不过，尽管看上去和荔枝相似，但二者明显不是同一个物种。

这是苏东坡第一次吃到龙眼。今天我们熟知的苏东坡，是一位文学家。但历史上真实的苏东坡，还是一位美食家和博物学家。尽管在他那个时代，植物分类还非常笼统，但他还是敏锐地感受到了龙眼和荔枝的异同。随后他就写了一首题为《廉州龙眼质味殊绝可敌荔支》的诗词，意思就是"廉州的龙眼味道很美味，可以和荔枝媲美"，其中前四句是"龙眼与荔支，异出同父祖。端如甘与橘，未易相可否"[1]。大意是："龙眼和荔枝其实是同属一品类里面的两个不同分支的水果（同一个祖父的两个异出，实则是同一家）。好比柑与橘一样，从外观看，难以分辨出来，或作出高低较量的评判。"

一千多年后的我们，对于这两种水果已经不再陌生，并且借助现代分类学的方法，证明了苏东坡的猜想是对的，荔枝和龙眼都是无患子科的植物。根据基因测序，二者在大约一千万年前就分化成了两个物种[2]。但让一千多年前的苏东坡绝对想不到的是，这两种水果在今天居然可以合二为一。

就在 2022 年，经过长达 15 年的研究和探索，我国华南农业大学刘成明团队研发出了由龙眼和荔枝杂交形成的新品种"脆蜜"[3]。这件事要做成，其实相当困难，因为龙眼和荔枝是不同"属"的物种。如果用基因差

1　曾枣庄，舒大刚编．苏东坡全集［M］．北京：中华书局，2021.

2　Hu, G., Feng, J., Xiang, X., Wang, J., Salojärvi, J., Liu, C., Wu, Z., Zhang, J., Liang, X., Jiang, Z., Liu, W., Ou, L., Li, J., Fan, G., Mai, Y., Chen, C., Zhang, X., Zheng, J., Zhang, Y., ⋯ Li, J. (2022). Two divergent haplotypes from a highly heterozygous lychee genome suggest independent domestication events for early and late-maturing cultivars. *Nature Genetics*, 54(1), 73–83.

3　世界首个龙眼荔枝杂交品种——脆蜜十五年诞生记．农业日报，(2022−12−9).

异去衡量的话，他们之间的差异相当于人和黑猩猩之间的差异。但这件事就真的被华南农大办成了。"脆蜜"的外形更像龙眼，而味道上却明显带有荔枝的香味。它的出现，算是弥补了苏东坡当年没能吃到荔枝的遗憾了。

或许用不了多少年，这种新的水果就会出现在更多人的餐桌上。但这个水果品种留给我们的不仅仅是甜美，还有一些困惑：它究竟是龙眼，还是荔枝呢？又或者它已经是一个新物种了？回答这个问题，其实就是在解答生物学最基础的一个问题：究竟什么是物种？假如把这个问题再细化到植物的身上，你一定会发现一个意想不到的答案。

什么是物种？这个问题看起来似乎很简单，因为我们很容易就能看出狮子和绵羊肯定不是一个物种，因为它们长得不像。所以，相像程度是判断物种最基础的方法。这个判断方法很简单，也最实用。在非常长的历史中，乃至今天，这都是判断两个物种是否不同的最基础的方法。人们根据两个物种在外形上的相似情况，会把物种分为不同的大类，大类里面又会分出小类，直至区分出不同的物种。我们今天生物分类的基本概念"界门纲目科属种"，就是这样来的。

但是这样界定物种的方法存在一个问题，正如我们在《植物的战斗》中讲过的睡莲与莲花的故事，二者其实没有什么亲缘关系。但是因为在类似的环境中生存，所以形态上有类似的地方，这让我们在相当长的时间里把莲花放到睡莲科。可见这样的区分方法，还是存在问题。

这样的问题，有的时候并不仅仅会导致分不清两个物种，它甚至会影响很多人的生命。比如说，我们都知道蚊子是造成疟疾感染的罪魁祸首，而在非洲撒哈拉沙漠以南地区，最主要的疟疾传播媒介，是一种叫作冈比亚按蚊（Anopheles gambiae）的蚊子。但问题来了，至少有六种蚊子和冈比亚按蚊在外观上看起来几乎完全相同，它们虽然也会吸人血，但却不会造成疟原虫的传播[1]。这时候，搞清楚什么是物种的问题，已经不仅仅是一个科学问题，更是关系到无数人生命的大事了。

物种之所以独特，除了通过横向对比能看出独特鲜明的特色之外，还有一个更加明确的方式，那就是物种会延续后代。举个例子，马和驴在形态上有相似之处，并且我们知道马和驴能生下骡子，这说明二者之间关系很近，但是骡子却很难再继续延续后代，这就说明二者并不是同一个物种，因为物种是要延续后代的。所以我们也可以通过观察马和驴得出结论：物种之间有生殖隔离，没有生殖隔离的个体之间是相同的物种。根据这个规律，我们在很多地方就可以把"什么是物种"这个问题给解答了。比如说远在东北地区的东北虎，和在印度一带生存的孟加拉虎，虽然二者相距几千千米，但因为没有生殖隔离，所以二者是同一个物种。又比如在今天，因为宠物市场的盛行，市面上至少有上百种狗类，有的狗体长可达两米，而有的狗只有二三十厘米长，但不管身形差距有多大，它们彼此之间都可以产生可生育的下一代，所以所有的狗类也都是同一个物种。

各种各样的狗

这条规律，看起来解决了什么是物种的问题。但到了植物和微生物类，却又似乎出现了很多漏洞。就比如我们开头说到的荔枝与龙眼的杂交，在

1　Coyne, J. A. (2010). *Why Evolution is True*. Oxford University Press.

自然界这件事很难做到。科学家们曾经找到过一种叫作龙荔（Dimocarpus confinis）的植物，它看起来非常像自然环境下荔枝和龙眼的杂交，但最新的研究表明，它是一个独立的物种，和荔枝、龙眼都没有直接的关系[1]。其实这个发现才是常态，因为荔枝和龙眼的形态差别还是挺大的，二者不能产生后代才是正常的。

但在今天，在人类的干预之下，荔枝和龙眼确实产生了杂交，并且根据报道，这种杂交的"脆蜜"还可以和荔枝进行正常的授粉，产生再下一代。这就给"什么是物种"这个问题又增加了难度，物种间存在生殖隔离的这条人为的定义又遇到麻烦。其实根本不用拿荔枝和龙眼举例子，就拿我们自己来说，我们的基因里有着1%~4%尼安德特人的基因，而智人和尼安德特人又明显有着差异，那究竟什么是物种呢[2]？

这之所以是生物学的终极问题之一，正是因为只要回答了"什么是物种"这个问题，就可以回答一系列关于生物的问题。这个问题的提出，也正是科学和宗教分道扬镳的开始。作为生物学的开山鼻祖，达尔文试图用"演化论"来作出解答。达尔文认为造成物种变化的原因是环境，正是由于环境的变化，让原本相同的物种逐渐变成了不同的物种，而这个过程，是连续而缓慢的。比如说在过去的5 000万年时间里，马科动物的身材一直在稳定增长。化石证据显示，马花了5 000万年时间才把体重从始祖马的50千克左右增长到了现代马的500千克。这种变化是连续的、缓慢的、平滑的。

1　VanBuren, R., Li, J., Zee, F., Zhu, J., Liu, C., Arumuganathan, A. K., & Ming, R. (2011). Longli is not a Hybrid of Longan and Lychee as Revealed by Genome Size Analysis and Trichome Morphology. *Tropical Plant Biology*, 4(3-4), 228-236.

2　Green, R. E., Krause, J., Briggs, A. W., Maricic, T., Stenzel, U., Kircher, M., Patterson, N., Li, H., Zhai, W., Fritz, M. H.-Y., Hansen, N. F., Durand, E. Y., Malaspinas, A.-S., Jensen, J. D., Marques-Bonet, T., Alkan, C., Prüfer, K., Meyer, M., Burbano, H. A., ⋯ Pääbo, S. (2010). A draft sequence of the Neandertal genome. *Science (New York, N.Y.)*, 328(5979), 710-722.

但是达尔文在他的那个时代，一直有个问题回答不了，那就是为什么在地球的某个地质时期，地球上的生物会爆发式地生长？比如著名的"寒武纪生命大爆发"之谜，是动物门类的突然爆发。植物界也有这个现象，最出名的就是被子植物的白垩纪大爆发，为何被子植物突然在白垩纪爆发式出现，而在此之前几乎看不到任何存在的痕迹呢？这个问题曾经困扰了达尔文的一生，达尔文自己的理论没有办法解释，他把这个问题称为"恼人之谜"。

随着科学家们对生物的深入研究，特别是人类开始了解基因是生物遗传的单位后，我们终于可以从本质上理解什么是物种了。物种在本质上，就是基因壁垒的产物，决定不同物种的关键不是形态，而是基因之间的差距究竟有多大，而染色体数量的多少，则成为制约物种的最关键因素。我们和尼安德特人、荔枝和龙眼能够杂交的关键，是因为二者之间的染色体数是相同的。我们可以举一个反例：大鼠和小鼠在形态上非常像，普通人看到都会称它们为老鼠，但是二者就难以杂交，因为大鼠有 21 对染色体，而小鼠有 20 对，非要让它们产生"爱情的结晶"，杂交出来的个体也是没办法产生下一代的，这就是基因壁垒的作用。

基因壁垒的作用，也在某种程度上解答了达尔文的"恼人之谜"。正是因为基因的突然变化，才会形成物种大爆发，而基因的改变，来自环境的突然变化。假如我们把生物比喻成工厂，那么基因就像是工厂生产用的图纸。想要源源不断地产出产品，就需要图纸保持稳定，并且严格按照图纸去生产，这样才能得到一模一样的产品。

但生物这个机器毕竟是活的，即使有了可靠的图纸，即使在生产过程中出错率非常低，也还是有出错的可能。假如把时间的尺度加进去，即使概率再小的事件，只要发生的次数足够多，那么它一定会出现。就是这样的变化，成了物种演化的起点。这份图纸出错的可能性有很多种，其中最容易出现的一种可能，就是把原来的两种产品，阴差阳错地装在了一个盒子里。在生物身上体现出来，就是基因组的多倍化（Whole genome duplication, WGD）。

我们都知道，生物的生长靠细胞分裂。正常细胞的染色体数量是 2n，也就是有两条染色体互相缠绕在一起，体细胞分裂之前染色体会加倍，变成 4n，随后再分裂成两个 2n 染色体的细胞。而生殖细胞分裂时，原本 2n 的染色体会打开，变成两个 1n 的精子或者卵细胞，然后它再和另外一个 1n 的卵细胞或精子结合，形成的一个新的 2n 的受精卵。这个过程在一般情况下，都非常精确地运行着，生殖细胞就像有一把无形的剪刀，咔嚓一刀平分成两半。

可是即使这个过程再精确，也总有出错的时候，要不就是体细胞加倍后没有正常分裂，形成了一个 4n 的体细胞，要不就是两个精子同时进入到了一个卵细胞里，形成了 3n 的受精卵。这样的情况都叫作基因组的多倍化。这两种情况虽然也能产生多倍化，但发生的频率还是太低，对物种演化的影响也没有那么大，而发生最多、影响最广的多倍体事件，叫作未减数配子的融合。也就是生殖细胞分裂时，没有形成两个 2n 的受体，而是直接与 1n 的配体结合了，形成了三倍体的细胞。

这样的情况，假如发生在动物身上，这个受精卵形成的幼体很难存活，即使能够存活，也会出现各种畸形或者功能异常等情况。比如我们人类有一种遗传疾病叫作唐氏综合征，又叫作 21– 三体综合征，这就是在形成受精卵时，人类的第 21 条常染色体上发生了多倍化，形成了三条 21 染色体。有唐氏综合征的患者通常伴随身体发育迟缓、轻度至中度智力障碍和典型的面部特征，想融入正常的生活会很困难。也不知道是幸运还是不幸，之所以会有 21– 三体综合征，是因为人类第 21 条常染色体相比其他常染色体来说最短，所携带的信息也比较少，所以即使发生多倍化事件还是能孕育成胎儿，假如是其他染色体发生多倍化事件，连形成胎儿的可能性都微乎其微。

对于植物来说，出现多倍化的情况则要好得多。植物细胞的全能性要比动物细胞强得多，也就是说，单个细胞还能形成一个完整的个体，而且植物可以无性繁殖，只要这个个体本身能存活下来，它就可以通过扦插、嫁接或者营养器官进行繁殖。所以植物对于出现多倍体情况的容错率就要高得多了。多倍体基因一旦传给下一代，就会有三种情况：第一种就是这个基因保持原来的功能，和单倍体的基因组没有任何区别；第二种是多倍体的基因会沉默，也就是不表达原来基因组能够起的作用，比如说我们现在最常食用的小麦是普通小麦，它就是一个六倍体的植物（AABBDD），而与四倍体的"正常"小麦对比，就缺少了几种蛋白质的表达，这正是多倍化的结果[1]；第三种是分化和执行新的功能，由于在多倍化的基因组中多了大量的重复基因，这些重复基因中有一部分保留了原来的功能，而多余的基因则出现了新的功能，这样的变化，可以帮助植物适应环境的变化，也是让植物孕育出新物种的开始。

这样的多倍化，在环境正常的情况下并不能体现出优势，但是一旦环境发生了巨变，那么多倍化能够带来的形成新器官和新功能的可能，是让一部分个体存活下去的关键。尽管没有充足的证据，但是我们可以大胆地猜测，我们现在地球上所有生物的祖先，应该是一个只有一条染色体的生物，正是因为有了多倍化事件，才有了无数的物种，造就了今天自然界的丰富多彩。只有这样，我们才能解释，为什么今天的物种染色体数量那么复杂，有的只有几条，有的有上百条。

但染色体发生多倍化之后，并不是形成物种的结束。如果按照地球上

1　杨继. 植物多倍体基因组的形成与进化 [J]. 植物分类学报，2001, 39(4): 357-371.

的生物存在的时间来推算，即使多倍化事件发生的概率非常低，但几十亿年过去了，现在生物体内的染色体数量应该远远不止几十条。

这就要说到物种演化的下一步了。物种在进行多倍化之后，还会发生基因丢失和重排等现象，从多倍化重新变成二倍化。经过这个过程后，新的物种和原来的物种已经产生了明显的差异，生殖隔离因此产生，一个新的物种也就此诞生。科学家们把这类多倍体生物叫作古多倍体，而没有变回二倍化的生物就是新多倍体。

我们今天看到的所有生物，都经历过多倍化的洗礼，但是多倍化的频率却并非固定的。对于整个植物界来说，经历了 4 次非常明显的古多倍化的过程，而每一次的古多倍化，都是一次飞跃，让植物有了质的变化。

第一次大规模古多倍化发生在 6 亿年前，此时光合真核生命，也就是各种藻类已经在海洋中生存了 10 亿年，但是从海洋到陆地，对于生命来说是一次巨大的飞跃。在 10 亿年的时光里，生命一定做过各种尝试，但显然都失败了，它们没能留下后代。今天所有的陆生植物，都源于一次单一的登陆事件。一种链型藻类生物成功地从海洋登陆，而它能够成功，正是由于 6 亿年前的一次多倍化事件，它虽然还没有上岸，但是多倍化后产生的新能力，如抗干旱、抗紫外线、与其他微生物共生等，在水中的多倍体都已经具备了。可以说正是这次多倍化事件，造就了今天所有陆生植物的基础框架[1]。

第二次的大规模古多倍化发生在距今 1.2 亿年前，此时的地球处于白垩纪。在这个时间段内，地球上发生了从潮湿到干旱的转变。在这个过程中，很多植物种类都发生了多倍化事件。这些保留的基因，大部分都与水

1　Cheng, S., Xian, W., Fu, Y., Marin, B., Keller, J., Wu, T., Sun, W., Li, X., Xu, Y., Zhang, Y., Wittek, S., Reder, T., Günther, G., Gontcharov, A., Wang, S., Li, L., Liu, X., Wang, J., Yang, H., ⋯ Melkonian, M. (2019). Genomes of subaerial zygnematophyceae provide insights into land plant evolution. *Cell*, 179(5), 1057−1067. e14.

分摄取以及抗盐胁迫有关。这一次的多倍化，让植物变得更耐旱，从而度过漫长的旱季。这一次事件还有一个非常有趣的地方，那就是此时植物界已经分化出了单子叶和双子叶植物两大类别，二者在结构和适应环境的方式上都有着明显的不同。但面对干旱，二者分别发生了多倍化事件，都选择了同样的方式去适应新环境的到来。

第三次事件，伴随着著名的白垩纪大灭绝而来，也就是距今大约6 000万年前。尽管现在还有很多的谜团，但可以肯定这一时期地球上的环境又一次发生了巨变。酸雨、野火、气温下降等不利因素纷纷到来，无数的生物没能挺过这一次的大灭绝，其中就包括我们熟悉的大部分的恐龙。植物界的损伤同样惨重，原本兴盛的树蕨和苏铁类植物几乎消失殆尽。伴随着危机，植物界又一次用多倍化的能力去渡过难关。今天植物与冷热胁迫、创伤修复等相关的基因，都来自这次灾难事件，被子植物就是在这一时期占据了植物界的中心舞台，直到今天依然是主角。

以被子植物为主角的森林

最后一次大规模的多倍化事件，就发生在2 000万年前，同样与环境变化有关。此时的地球，二氧化碳浓度开始变低，气温也较之前下降。这一次多倍化事件保留的基因，也都是与二氧化碳的摄入以及抵御寒冷的因素相关[1]。

正是一次又一次的多倍化事件，始终为植物的生存保留了一丝可能，不仅让原本漂浮在海面的藻类逐渐占据了地球的大部分表面，也让地球的环境因植物的存在而发生了改变，最终成为宇宙中罕见的奇迹。

最后，我们可以做一个大胆的预测，虽然在今天"脆蜜"这一品种还是被归为一种龙眼，因为它的母系来源于龙眼，植物界的一个规律就是杂交的下一代特征会更贴近母系，但是只要假以时日，经过漫长的时间累积，它终究有一天会既不属于龙眼，也不属于荔枝。正如它的祖先一样，遵循生物学的底层逻辑的召唤，它将脱胎换骨，终有一天成为一个新的物种。类似这样的物种演化，我们每一个人都是亲历者，甚至我们无意中品尝果肉后吐出的果核，就是这种无限可能的起点。想到这里，不知道大家是不是会有些兴奋呢？

银杏，不存在的活化石

1762 年，英王乔治三世的母亲奥古斯塔公主，高价买下了阿基尔公爵种在特威克南庄园里的一株银杏树苗，并把它移栽到自己的私家园林里。后来，这座私家园林被移交给国家管理，园林的规模也不断扩大，成了世界上最具盛名的植物园，这就是英国皇家植物园——邱园。于是，这株树龄接近 300 年的银杏树，就成了见证邱园成长的镇园之宝。邱园也尊敬地把这株高龄老树，称为老狮子。

1　Wu, S., Han, B., & Jiao, Y. (2020). Genetic contribution of paleopolyploidy to adaptive evolution in angiosperms. *Molecular Plant*, 13(1), 59−71.

不过，对于银杏树来说，300 年树龄的老狮子，也就只能算是一棵幼树而已。乾隆九年，也就是奥古斯塔公主种下"老狮子"的 18 年前，乾隆皇帝去北京西郊的潭柘寺上香。乾隆一进庙门，就被种植在寺院中的一株银杏树给震撼到了，于是他马上就留下了墨宝，还给这株银杏树赐名叫帝王树。相传，这株银杏树是唐朝武则天统治的时期，华严法师来潭柘寺开宗立派的时候种下的。算起来，这株树与乾隆见面的时候，已经超过了 1 000 岁，到现在已经有 1 300 年的树龄了。

　　其实，"帝王树"在银杏中并不算很老，它只是名气特别大而已。全国各地都有非常古老的银杏树被发现。现在，常常有"最美古银杏树"的评比活动，树龄小于 2 000 年的古银杏树，根本就没有上榜的机会。湖北省的永兴村，是著名的银杏之乡。这个村子最初建于战国时期，有 2 300 多年的悠久历史。就是这么一个村子，树龄超过 1 000 年的古银杏就有 308 株，树龄超过 2 000 年的也有好几株。

　　银杏树是众所周知的老寿星、活化石，但大多数人可能并不知道活化石这个词的真实含义。

　　活化石这个词，我们经常听说，也经常使用。比如，我们常说大熊猫是活化石，还说扬子鳄是活化石，中华鲟和白鱀豚也是活化石。其实，活化石这个词，并不是一个严谨的生物学概念。如果某种生物很古老、很稀少，而且与它们亲缘关系比较近的物种都已经灭绝，只能在化石中找到时，我们就会把这种生物称为"活化石"。

　　见多识广的达尔文，在第一次见到银杏树叶标本的时候，就惊讶地说："这简直就是植物王国里的鸭嘴兽。"在达尔文的时代，几乎没有什么东西比鸭嘴兽更让人吃惊的了。达尔文能把银杏树比作鸭嘴兽，可见银杏的折扇形叶片，在达尔文的眼里有多么独特了。

　　银杏属于裸子植物。裸子植物门中一共有 5 个纲，植物分类学家常常把这 5 个纲戏称为 5 大门派。这 5 个门派分别是苏铁纲、银杏纲、松柏纲、红豆杉纲和买麻藤纲。如果从植物分类学的角度来看，今天的银杏，是银杏纲、银杏目、银杏科、银杏属中唯一的一种植物。也就是说，5 大门派之一的银杏纲，已经惨遭灭门，只剩下银杏这个孤儿还活在世间。最奇怪的是，银杏这个孤儿，既没有灭绝，也没有把门派振兴起来，它只是孤独地存活了下来。

我们可以拿同样被誉为活化石的大熊猫和银杏比较一下。大熊猫是熊科大熊猫属的动物，也就是说，大熊猫只有同属的兄弟姐妹灭绝了而已。在熊科中，它还有棕熊、灰熊、北极熊、马来熊一大堆的亲戚。但是银杏，真的好像被时间遗忘了一样，独自穿越了数亿年的历史长河，成了植物界当之无愧的活化石。

我们普通人对活化石这个概念的最大误解，就是认为活化石物种活了好几亿年的时间，却几乎没有什么改变。这个认知是错误的。一个物种长时间没有变化，这只是一种假象而已。

你可能听说过，在理想状况下，DNA 转录复制出错的概率大约是十亿分之一。这个数值，是 DNA 分子的内在化学性质决定的，几乎不受外界的影响。在宏观上，这种复制出错，就表现为物种的随机变异。我们常说，生命的演化没有方向，说的就是这个意思。

随机变异会在孕育每一颗种子的时候发生，每一个生命个体也会因为随机变异而产生微小的不同。绝大多数的随机变异都不好不坏，甚至毫无意义。但是，一旦某个变异给生命带来了额外的生存优势，那这个变异对应的基因就会迅速扩散开来。这就是我们熟悉的适者生存，是生命演化的自然规律。

看起来 2 亿年不变的银杏，其实并没有跳出这个大规律。你可以把银杏想象成一个经营了 2 亿年的老字号。银杏那个折扇形状的叶片，就好比是老字号的招牌。虽然它的招牌没变，但是它生产的产品、经营的项目都在随着时间的推移，持续地发生变化。

折扇形的银杏叶

1989 年，河南省义马市的煤矿工人在采煤的时候，意外地发现了一些奇怪的石头，石头上印着一些长着 4 个花瓣的小花。于是，工人们就把这些石头捡回宿舍当作摆设。其中一名工人觉得这些花纹不太寻常，就联系了义马市的地质队。很快，这件事情就被我国的古植物学家，南京地质古生物研究所的周志炎院士知道了。周院士马上带领团队来到了义马市考察，他惊喜地发现，这些印着 4 个花瓣小花图案的石头，正是他苦苦寻觅的古代银杏化石。这些化石埋藏在距离今天 1.8 亿年前的地层里，这也是迄今为止最古老的一批银杏化石。

2003 年，周院士的团队又发现了一批 1.2 亿年前的银杏化石。这批化石上面的银杏叶片，形态介于 4 瓣小花与折扇形状之间，叶片分为左右两瓣，有点像是一把从正中间撕开的折扇。很显然，这是介于古银杏化石和现代银杏叶片之间的过渡品种。

根据各大洲发现的银杏叶化石来看，银杏的起源最远可以追溯到 2.45 亿年前。中生代侏罗纪，银杏这个大门派进入了"黄金时期"，银杏的叶子和种子，也成了植食性恐龙的食物之一。不过，植食性恐龙的主要食物还不是银杏，而是一种高大的蕨类植物，名叫桫椤。如果你对桫椤这个名字感觉有点陌生，那就回忆一下《侏罗纪公园》之类的电影，高大的植食性恐龙穿行在树林当中，嚼食着树上的嫩叶。那些长着层层叠叠的羽毛状叶片的高大树木，就是桫椤。桫椤也是一种著名的活化石，它与银杏一样，一直以来都在发生着演变。现代的桫椤树与古代的桫椤化石，即便是单看形态，也已经存在着不小的差异了。

所以你看，即便是活化石，其实也是在不断演化的。变化才是生命的主旋律。面对环境的不断变化，生命也必然会以变化进行应对。

说到这里，新的问题就来了。既然银杏树也好，桫椤树也好，都在积极地应对环境的变化，那么它们是如何从覆盖全球的繁荣状态，逐渐走向衰落的呢？

虽然目前我国银杏树和桫椤树的种植面积都很大，但是真正野生的植株却非常少见。如果把我国最古老的银杏树整理成一个列表，就不难发现，所有的古银杏树，要么长在寺院或者道观里，要么长在知名的古老村镇。那么多的古银杏树，竟然没有任何一棵树的树龄，能长得过人类社会活动的历史。

本文开头提到的，湖北永兴村的千年银杏谷，现有银杏树 520 万株，其中百年以上的古树有 1.7 万多株，可惜的是，这里所有的银杏树，没有一株是野生的。

现在得到国际公认的最古老的银杏树，是位于雅安雨城的一株有着 3 500 年树龄的古银杏树。然而，雅安地区人类活动的历史，一直可以追溯到旧石器时代。也就是说，这株 3 500 岁的古银杏树，很有可能也是人类种植的。

寻找银杏树野生种群这件事情，最大的困难是，野生的银杏树与人工栽种的银杏树，仅从外观上是没有办法区分的。不过，2019 年的时候，中国科学院植物研究所、浙江大学和华大基因三个团队强强联手，完成了一个大项目，这个项目在一定程度上给出了答案。

研究团队从全球的 545 棵树龄超过 100 岁的银杏树上取得了基因样本。这些样本覆盖了全球所有已知的银杏树栖息地和著名的银杏古树。研究人员对每一棵树都进行了全基因组测序，最终获得了 44TB（太字节）的海量数据。他们试图通过数据分析，找到古银杏树在演化过程中的避难所[1]。

这里所说的避难所，是指当全球经历极端气候时，一些地形特殊的山谷，可能给某个曾经广泛分布的物种，提供躲过极端气候的条件。一旦气候恢复正常，这些物种就会以避难所为起点，重新向外扩张自己的势力范围。

如果某一个地区的银杏树基因有向外自然扩散的趋势，那么这个地区就很有可能是银杏树的避难所。经过数据分析，研究人员在我国发现了 3个避难所，分别是位于浙江天目山的东部避难所、位于贵州与重庆交界处的西南地区避难所，还有位于广东和广西地区的南部避难所。

研究人员通过数据分析得出结论：现在国外所有的银杏树，包括邱园里那株"老狮子"，全都是东部避难所那些银杏树的后代；而分布在四川、湖北等地的银杏树，从基因上看，则带有西南和南部避难所那些银杏树的混合基因。

这些证据都表明，银杏的野生种群确实存在。靠着 3 个避难所的保护，

1　Zhao, Y.-P., Fan, G., Yin, P.-P., Sun, S., Li, N., Hong, X., Hu, G., Zhang, H., Zhang, F.-M., Han, J.-D., Hao, Y.-J., Xu, Q., Yang, X., Xia, W., Chen, W., Lin, H.-Y., Zhang, R., Chen, J., Zheng, X.-M., ⋯ Ge, S. (2019). Resequencing 545 ginkgo genomes across the world reveals the evolutionary history of the living fossil. *Nature Communications*, 10(1).

它们平安地从恐龙时代活到了今天。而且，基因研究还表明，银杏在物种水平上确实维持着较高的遗传变异，银杏的演化并没有停滞。不过，研究人员也带回来一些坏消息，那就是，在许多野生的银杏大树周围，已经将近 10 年没有出现自然生长的银杏树苗了。

这样的结果，可能会让很多人迷惑不解。因为银杏在全球范围内，都是一种耐寒、耐热、耐旱而且非常美观的优质树种，它们有着良好的土壤适应性，也极少出现病虫害。可能唯一的缺点，就是它们的生长速度太慢。而且，大量存活下来的银杏古树也都说明，银杏自古以来就是一种容易栽种的树种。

现在，植物学家们还不能完全确定，到底是什么原因导致了野生银杏生存困难。但是，从我们已经观察到的证据来看，正是帮助银杏存活下来的几大创新，成为了目前野生银杏生存的障碍。写到这里，我不由得想起了手机行业曾经的霸主诺基亚公司，它的衰落，正是因为它的强大。

银杏树的第一项创新，叫作雌雄异株。也就是说，银杏树是有性别的。雄性的银杏树只产生花粉，而雌性的银杏树只结果实。这样的设计可以最大限度地阻止自花授粉，增加基因的交流和变化。银杏树从播种到成熟，大约需要 20 年。在银杏树开花之前，除非进行基因检测，否则凭借肉眼是分辨不出雌雄的。雌雄树混杂的银杏林里，每一棵雄树都能释放出上万亿颗花粉粒。在银杏的花期，它们几乎可以把整个种群的基因都交换和同步一遍。

在 2 亿年前的远古时代，雌雄植株分离，对于银杏这个创业者来说，当然是相当先进的。但是，在被子植物繁盛的今天，这样的设计可就不占便宜了。

试想，如果在两棵苹果树之间种上一棵银杏树，那么，苹果花开的时候，蜜蜂仍然可以自由地在两棵苹果树之间飞来飞去，帮助苹果树传粉。

但是，银杏树是依靠风力传粉的，如果在两棵银杏树之间种上一棵苹果树的话，银杏树之间的传粉就可能被彻底阻断，雌树也就结不出果子了。

在银杏的几个避难所里，野生的银杏树总是与其他树木混杂生长，这种情况下，它们或多或少地会遇到我刚刚说的授粉困境。

银杏树的第二大创新，就是把自己改造成水果。你可能会觉得，既然叫作银杏了，长得像是水果，有什么了不起吗？那我就要告诉你，这很了不起！你想想看，银杏与松子一样都是裸子植物的种子，但是银杏硬生生地把自己的外种皮，演化成肉乎乎的像是水果的样子。需要注意的是，银杏外面多汁的肉质层，并不是我们常见的果肉，它是由种子的外种皮演化而成的。

银杏的果实

这个演化的作用很明显，就是吸引动物去吞掉银杏，但又保留银杏种子的完整。银杏的种皮还会发出一股腐臭的味道，这种味道显然也不是意外，按照演化的逻辑，这也是为吸引传播种子的动物准备的。

植物学家认为，银杏果的这些设定，目标很明确，就是为了吸引植食性恐龙的吞食，而植食性恐龙，就是专门为银杏传播种子的动物。

但是，现在的野外调查表明，并没有某种动物能与银杏重新达成传播种子的合作，野生银杏的果实只能等待成熟后自然掉落，然后在大树附近生根发芽，而银杏是伞形树冠的木本植物，在母树的遮盖下，银杏小苗很难健康成长，这就严重影响了银杏种群的传播。

银杏树的第三大创新，叫作长寿。怎么样？你是不是感觉很意外？长寿这种毫无疑问是好事的创新，竟然也影响了银杏树的种群繁衍[1]。

2020年1月的一项研究，调查了15～667岁不同年龄的银杏树。研究发现，银杏树在100～200岁时，树木形成层，也就是分化出能够传导营养的维管束的组织，会突然变薄，但是随后就开始了补偿式的增长。银杏树似乎已经演化出某种补偿机制，使得它们可以有效地对抗衰老。研究还发现，600岁以下的银杏树，它们的叶片面积和光合作用的水平都相差不大，也没有明显的衰老迹象。银杏似乎已经为自己的长寿做足了功课。

但是，能够抵抗衰老，对于种群繁衍来说，并不一定就是好事儿。你想想看，在一片银杏林里，3 000年前的古树与刚满30年的树苗同时都在传播花粉、结出果实，这是一个多么奇幻的场景。整个银杏林就是一个跨越时空的基因库，而寿命过长的古树基因，每年都会把新的基因稀释一遍，拖慢整个种群的变化。有句老话，旧的不去新的不来。长寿的银杏树，总是占据着重要的生态位，不愿意给新生的树木腾出空间，这会影响到整个种群的新老更替。

为了摆脱繁衍的困境，银杏也在寻求其他的出路。比如，银杏树中存在着一种名叫"丛枝病"的病害。如果染病的植株是雄树，这株雄树就很

1　Wang, L., Cui, J., Jin, B., Zhao, J., Xu, H., Lu, Z., Li, W., Li, X., Li, L., Liang, E., Rao, X., Wang, S., Fu, C., Cao, F., Dixon, R. A., & Lin, J. (2020). Multifeature analyses of vascular cambial cells reveal longevity mechanisms in old *Ginkgo biloba* trees. *Proceedings of the National Academy of Sciences*, 117(4), 2201-2210.

有可能部分变成雌性植株或者双性植株，既能开花，也能结果。不过，丛枝病的害处也很明显，患了丛枝病的银杏抵抗力会降低，更容易死亡。

银杏还有另外一种繁殖方式，就是无性繁殖。一些孤单生长的银杏，常常会在枝干上长出一些垂直向下的树干。这很像我在《植物的战斗》中讲过的榕树的不定根。这些树干就像是洞穴顶部垂下的钟乳石，在日本也被叫作"垂乳"。这些枝条一旦到达地面，就可以形成新的植株。这也保证了那些独立生长的银杏树能够继续繁衍。

不过，这些辅助的繁殖方式并不能真正拯救银杏的种群。有一项创新，就彻底地改变了整个银杏家族的命运。你能猜到我接下来要讲的创新是什么吗？是银杏的折扇形的叶片。

银杏的叶片对它自己的生存和繁衍没有丝毫用处。从最初裂成四瓣的叶子，到后来的两瓣叶，再到现在的折扇形叶片，银杏只不过是在完成一个随机的演化而已。但是，正是这片在秋天能变得金黄的、与众不同的叶子，彻底征服了人类。

人工种植的银杏树

大约从 3 500 年前起，我国就开始大规模地传播并且种植银杏了。无论是寺院还是道观，无论是皇宫还是平民的庭院，银杏都是我们美化环境的首选树种。在我国的很多省份，都有大规模种植银杏树的银杏村、银杏谷。这些人工银杏林的规模，可比几个避难所发现的野生银杏林大得多了。

我们可以通过嫁接，创造出雌雄同株的银杏树；通过人工授粉，让银杏果的产量提高三倍。虽然银杏没有自然演化出更多的新品种，但凭借着育种师们的选育，我们已经培养出超过 20 个品种、有着不同用途的银杏，让银杏这个曾经辉煌的家族，一点一点兴旺了起来。

银杏身上还有很多有趣的故事，也还有很多未解之谜。我最后想说的是，活化石之所以被称为活化石，是因为它们足够古老。它们曾经经历过毁天灭地的陨石撞击，也熬过了好几次寒冷的冰期。在这些灾难中，有太多太多的物种彻底灭绝。活下来的，只是很少的一部分。

面对活化石，千万不要因为我们掌握了一点点证据，就去尝试反推生命演化的历程。我们可能永远无法准确地解读像银杏这样的古老植物，但是，我们可以自豪地说，在银杏熬过了漫长的岁月之后，人类终于接替了恐龙，成为了银杏的最佳伙伴。

桫椤：恐龙的美食长啥样？

2006 年 9 月 21 日，举世瞩目的三峡工程到了非常关键的一个环节：三峡大坝开始蓄水至 156 米。顷刻之间，每秒钟 1 万多立方米的水开始进入淹没区，水面开始从 135 米缓慢地上升[1]。伴随着水面的上涨，三峡地区的白鹤梁、夔州古城、倒吊和尚等区域，都变成了水下的风景，石宝寨也

1　中华人民共和国交通部公告 2006 年 第 37 号：关于三峡水库 156 米蓄水的公告 . (2006-9-20).

从一个山寨变成了水中的孤岛。三峡也从天险变成了造福一方的水坝。

三峡蓄水之前，另外一群人也和工程人员一样忙碌。就在三峡大坝的顶上，一个崭新的植物园正在紧锣密鼓地建设中。在一个天刚蒙蒙亮的早上，工作人员小心翼翼地把 20 株树苗带到了植物园，又非常仔细地把它们种在了植物园的一个山坡上，每天细心地呵护着这些看起来有些怪异的树木，并进行着详细的记录。两个月后，植物园非常骄傲地向世界宣布：这 20 株珍贵的植物全部移植成功了。

这 20 株植物就是从恐龙时代开始就已经出现的桫椤树。作为一个活化石的物种，桫椤对于生长环境特别挑剔，在此之前我国从来没有成功移植桫椤的记录。这一次通过科学家和植物园工作人员的紧密配合，我国第一次成功地移植了桫椤，同时让桫椤在我国的生长记录，从涪陵向北又推进了几十千米。

上一章我们讲了银杏因何原因得以生存下来，却又时刻面临着灭绝的风险。比起独苗的银杏，桫椤的命运看起来要稍微好一些，因为目前残存的桫椤大约有 600 多种[1]，看起来比孤单的银杏要好得多。但实际上，比起已经是裸子植物、可以进行有性生殖的银杏，桫椤的命运其实更加悲催。因为它的叶子不像银杏那样具有标志性，也没有变成一个文化符号被某个群体重点保护，最重要的一点，桫椤是蕨类植物，对于水的依赖更加强烈，所以桫椤只能生活在一些湿润温暖的山地地区，对于气候的适应性远远比不上银杏。

尽管今天的桫椤似乎离开了植物舞台的中心，但在中生代的晚三叠纪和侏罗纪早期，桫椤却是名副其实的植物霸主。当时地球的气候要比今天温暖潮湿，恰恰就是适宜桫椤生长的环境。当时的桫椤可以长到几十米高，

1　郭城孟.自然野趣大观察：揭开蕨类的神秘面纱：蕨类 [M]. 福州：福建科学技术出版社，2015.

巨大的伞盖将一大片土地覆盖。在庞大身躯的下面，桫椤长出了非常多的不定根，它们伸入泥土，紧贴着岩石，形成了一层厚厚的"根被"，正如今天热带雨林一样的生意盎然。在桫椤树形成的森林之中，恐龙和其他爬行动物也为了生存展开竞争，一些恐龙已经开始站在高高的桫椤树顶，挥舞着自己的前肢，尝试着从高处向下滑翔。至于我们哺乳动物的祖先，在当时只有十几厘米，长得和如今的老鼠一样，躲在阴暗的角落，苟延残喘地活在恐龙的时代。

随着一颗小行星的猛烈撞击，这个漫长的时代终于结束了，除了少部分变成鸟类之外，大多数的恐龙没有躲过那场浩劫，哺乳动物终于可以扬眉吐气地站出来了。至于植物界，同样发生着一场巨变，随着气候的变冷，种子植物开始走上历史的舞台。比起更加充满生存智慧的种子植物，蕨类显得落后而衰老，大多数的木本蕨类也伴随着啃食它们的恐龙从我们这颗星球上消失了。蕨类又恢复到几亿年前的状态，变得越来越小，不让水源离自己太远，而桫椤，也退缩到了热带和亚热带的山地，躲在了那些茁壮成长的种子植物的身下。

山涧溪流旁的一棵桫椤

当然，在生物界有这样一个定律，那就是杀不死的会变得更强大，对于桫椤来说同样如此。桫椤侥幸躲开了大灭绝，它们的体内也同样发生着变化，去努力适应新的时代。任何一种生物之所以能适应新环境，根本的原因都是基因的某次随机突变使其获得了某种新的性状。对于种子植物来说，这件事不是特别困难，因为它们可以通过有性生殖的方式，让两棵不同植物的基因进行融合，产生新的下一代，这使得基因发生变化更为容易。比如银杏有雌树和雄树，就可以用这种方式进行改变。对于桫椤来说，这件事就没那么容易了。因为桫椤产生的是孢子而不是种子，花、果实、种子这些生殖器官桫椤根本就不具备。因此，它们的基因相对稳定得多，想要通过变异的方式去做出新的尝试，是一件很稀罕的事。

所幸，看起来简单而原始的身体，反而让桫椤产生了更强的可塑性。既然没办法通过授粉的方式进行基因的融合交换，桫椤就"选择"了另外一条道路——基因的多倍化。

对于我们人类和大多数动物来说，多倍化意味着生命改造的失败。原本应该通过减数分裂再融合形成的下一代，如果因为一些原因让染色体的数量不正常，那一般下一代也都是不太正常的（关于基因多倍化的概念，我们已经在前文详细讲过）。但是在植物界，多倍体的效应却是一种非常重要的生存方式。事实上，多倍体植物在我们的生活中随处可见，我们平时吃到的水稻、小麦、香蕉、草莓、葡萄等，都是多倍化后的产物。比起正常染色体的同类，这些多倍化的植物往往产量更高，抗病虫害的能力更强，也更容易形成新的物种[1]。桫椤采用的适应环境的方式，也正是多倍化。桫椤就像一家百年老店，想要让这家店扭亏为盈，只能靠不断创新，让不同部门之间互相学习、互相融合，才能在瞬息万变的商业市场中得以生存。

---

1 谢兆辉，牟春红，王彬等.植物多倍化及在育种上的应用[J].中国农学通报,2002(3):70-76.

由于没有花粉，桫椤没办法依靠动物进行交配。但所幸桫椤生活的地方不会缺水，这就让桫椤的配子体产生了基因交换的可能。在我国华南地区，生存着两种桫椤，分别是大叶黑桫椤与粗齿桫椤。原本这两个桫椤井水不犯河水，生活的位置没有明显的交集，但或许是这块区域来了一场剧烈的台风，又可能是这里进入到了一个小的冰川期，总之原本泾渭分明的两个物种逐渐生活到了一起。粗齿桫椤的一个精子，原本是要和自己的卵细胞进行结合的，但它机缘巧合地随着水流进入一株大叶黑桫椤的卵细胞中。原本都是二倍体的两种桫椤，就这样产生了爱情的结晶，形成了一株四倍体的桫椤幼苗。它与它的父母都不一样，成为了一个独立的物种，小黑桫椤这一崭新的桫椤物种就诞生了[1]。原本多倍化这种行为，在植物界并不算太稀奇的事，但放在桫椤这种仅存的木本蕨类植物身上，就显得非常特殊了。要知道，在活了两亿年后还能产生新的物种，这本身就是一个生命的奇迹。

由于桫椤是仅存的木本蕨类，所以它既有木本植物的一些特性，又带着蕨类植物的生长方式。不过，它独特的存在也给科学家们带来了不少新的困扰。就拿最简单的问题举例，搞清楚一棵桫椤树的年龄，都变得不是那么容易了。我们知道，测定一棵树木究竟有多少岁，最简单的方法是看它的年轮，一圈年轮就意味着这棵树木生长了一年。可是这种方式有两个问题。首先，这种方法只对四季分明的树木有效，桫椤生长在热带，没有明显的春夏秋冬的区分，不会形成明显的年轮。更重要的是这意味着只能砍伐了树木，把树木的树干截成两半才能判断年龄。用这种破坏性的方式去对待桫椤这种珍贵的植物，是令人不能接受的。其次，就算人们舍得砍断一棵桫椤树，依然会很失望，因为桫椤的树干茎部其实非常小，不像其

1　Wang, J., Dong, S., Yang, L., Harris, A., Schneider, H., & Kang, M. (2020). Allopolyploid speciation accompanied by gene flow in a tree fern - PubMed. *Molecular Biology and Evolution*, 37(9).

他木本植物一样中间都是实心的。桫椤树干中间是空心的，因为蕨类植物还没有形成真正意义上的茎部，外面则是布满了纠缠不清的气生根，所以，靠这个方法根本无法得知桫椤树的年龄。

如果连桫椤树究竟有多少岁这个最简单的问题都搞不清楚，那么想要了解桫椤树，完全就是痴心妄想了。但科学家们很快就找到了另外一个方法，用一种特别简单的方式就搞清楚了桫椤树的年龄之谜。由于桫椤树依旧保持着蕨类的特性，也就是老叶会在寒冷的季节枯萎脱落，然后在树干上形成一个椭圆形的瘢痕，看起来就像形成了一片鳞片，所以一棵桫椤的树干，整体上就像一条大蛇，因此桫椤也有"蛇木"的称号。那么只要数数一棵桫椤树身上有多少个叶痕，再去观察它一年会掉多少片叶子，就可以对桫椤树的年龄进行估算了。毕竟，纵使可以长成十几米高，桫椤树也还是蕨类植物啊。

桫椤树身布满叶痕

事实上，蕨类植物贡献的不仅仅是桫椤树这种奇异的植物，蕨类植物对人类的贡献远远超过了我们的想象。上海辰山植物园推出的《蕨类手册》中曾这样诗意地写道："蕨类是唯美的。没有花香，没有树高，她是棵无人知晓的小草，静默生长在四亿年漫长的时空轮回之中。简洁的叶形，单调的色彩，在喧嚣的尘世之中，让我们感受到的却是自然的神奇和生命的礼赞。"蕨类植物是植物界当之无愧的霸主，它曾经有过四次演化，每一次都深深地改变了植物演化的方向，甚至改变了人类发展的方向。

在距今 4 亿多年前的志留纪到泥盆纪的时代，植物刚刚爬上陆地不久，地衣和苔藓这些低矮的植物开始了对陆地生活的试探，蕨类植物第一次登上了历史的舞台。此时的蕨类被称为裸蕨，尽管在今天看来，它们的身高也不算高，只有几厘米到数十厘米，但在当时的陆地上，这已经是最高的生物了。它们的独家秘籍是形成了维管束，这使得植物摆脱了紧贴地面的命运，让自己的身体挺立起来，朝着阳光的方向生长。这是植物界的第一次尝试。如今裸蕨早已成为历史，我们找不到任何与它们有亲缘关系的植物了，只能通过化石去感慨它们的往日荣光。

到了距今 3 亿多年的石炭纪，蕨类植物又一次卷土重来，甚至让这个时代都以它们的名字来命名。这个时代温暖、潮湿，在地球各地遍布着沼泽，蕨类植物在这个时代肆意地生长。经过 1 亿多年的演化，蕨类植物已经完全掌握了维管束的技术。为了争夺阳光，蕨类植物内部产生了激烈的竞争。这一次的获胜者是古木贼类和古石松类蕨类，它们展开了身高的竞争，最高可以长到 45 米左右，地球上第一次形成了森林。由于它们旺盛地生长，在光合作用下，氧气被源源不断地释放到大气中，地球上的含氧量达到了顶峰。这让当时的动物们都变得特别巨大，半米大的蟑螂、一米左右的蜻蜓、几米长的蜘蛛都不罕见。刚刚爬到陆地上的脊柱动物，开始尝试着用肺进行呼吸，两栖动物开始走上历史的舞台。这个时代旺盛生长的生物，给后世留下了巨大的财富。蕨类植物的残骸被埋藏到地表的深处，经过几亿年时光的打磨，形成了如今的煤炭层，这个时代因此而得名。几亿年后，当人类开始工业革命，从地层深处开掘煤炭作为机器的动力来源之时，恐怕没想过这些巨大的蕨类植物的贡献。

高大的桫椤树

　　随后第三个时代就来到了恐龙时代。尽管动物界发生了更替，但植物界依旧是蕨类植物的天下，桫椤也就是在这个时代登上了历史的舞台。再之后就到了白垩纪，巨大的气候变化，终于让种子植物把蕨类植物挤到了角落。如今存在的各种蕨类植物的祖先，都在一亿多年前的白垩纪就形成了。由于大陆板块的移动，地理隔离让地球上的生物变得多姿多彩，蕨类植物也不例外。为了不与种子植物竞争，蕨类植物只能把目光放在那些种子植物看不上的地方，热带雨林下阴暗潮湿的角落成了蕨类植物最主要的聚集地。沙漠的边缘，原本也是蕨类植物不屑的地方，但为了生存，它们不得不适应干燥的气候。蕨类植物中诞生了卷柏，它们生活在干旱的岩石缝中，随风移动，遇水而荣。在大漠中它们形成了一种特殊的能力，当地表变得干燥的时候，它们的根就和土壤进行分离，身体由外向内卷缩，将银白色的背面露出来，仿佛已经干枯而死。这其实是卷柏在反射太阳光，减少自身水分的挥发。一场雨后，它们会迅速地吸收水分，重新舒展身体，恢复绿色。"九死还魂草"，就此得名。为了生存，蕨类植物甚至把目光重新放回水中，去和藻类植物竞争，产生了独特的水生蕨类植物。它们变得和藻类植物越来越像，不加区分的话会很容易把它们归为藻类。槐叶萍、满江红、水韭这些南方水面上常见的植物，其实都是蕨类植物。

脱水的卷柏

从桫椤到蕨类，我们看到的其实是生物为了生存所做的各种努力。事实上，我们今天能搞清楚蕨类植物的演化道路和它们在植物界内的定位，同样也离不开科学家们的努力。其中我国蕨类植物学的创始人，秦仁昌院士，花了 63 年的时间不断研究、优化中国的蕨类植物分类。他走遍了蕨类植物生长的山野，实地考察并采集了大量的标本，开拓了世界范围内蕨类植物研究的新时代。他所建立的蕨类植物分类方法也以他的名字命名为"秦仁昌系统"，这也是新中国成立后不久，为数不多的外国科学家承认中国科学进步的一个案例。

很多地区都有食用蕨类植物幼叶的传统，新鲜的蕨菜被民间称作"吉祥菜""龙爪菜"，食法颇多。拿蕨菜做汤、炒肉甚至凉拌的吃法非常多，我个人也非常喜欢吃。但是大家要注意，蕨类中含有一种物质叫作原蕨苷，这是国际癌症协会确定的 2B 类致癌物，经常食用会增加致癌的风险。不过，大家也不必因此色变，一来蕨菜内的原蕨苷含量并不高，只要不是顿顿都吃风险并不大；另外只要把蕨菜用草木灰或者小苏打进行腌制或浸泡，就可以有效地去除蕨菜中含有的原蕨苷；或者把蕨菜晒成菜干，原蕨苷这种物质就基本消失了。所以大家不用对食用蕨菜有太大的负担，处理好了这依旧是一种非常特别的美味野菜[1]。

下次你再吃蕨菜的时候，不妨想象一下这是恐龙的食物，或许你会吃得更有味道。

仙女木，大屠杀的目击者

阴云密布的深蓝色天空下，一片白茫茫的雪原一直延伸到天际线。远处，曾经无尽繁华的曼哈顿已经被冰雪覆盖，成为一座银装素裹的冰城。近处，是自由女神雕像的头部和高高举起的手臂。雕像的身体已经被彻底掩埋，她手中的火炬也冻上了一层厚厚的冰。一小群幸存者踏着冰雪，艰难地向南方跋涉，他们要迁徙到相对温暖的墨西哥去。他们必须不停地走，只要停下来休息，就有可能再也爬不起来了……

这是科幻电影《后天》中的一个场景。这部电影描述了一场由温室效应引发的超级灾难。影片中，大自然以极其简单粗暴的方式报复了傲慢的人类。在短短几天内，冰雹、暴雨、龙卷风和海啸接踵而至。灾难过后，整个北半球的温度已经降低到了接近南极的水平。

可能大多数人都觉得这种科幻片的景象完全是想象中的产物，并不会真实发生。气候基本恒定不变，这在过去很长的一段时间里，不仅是常识，也是一个科学共识。直到 18 世纪，人类才惊讶地发现，地球上的气候也会发生翻天覆地的变化。这一重大发现的过程大致是这样，首先地质学家在世界各地发现了一种用现有理论难以解释的现象，比如，某些山谷里散落

1　Kim, M. K., Kang, J. S., Kundu, A., Kim, H. S., & Lee, B.-M. (2023). Risk assessment and risk reduction of ptaquiloside in Bracken Fern. *Toxics*, 11(2).

着一些体积巨大的岩石，地质学家无法解释这些岩石是怎么来到山谷里的。1818 年，瑞典植物学家瓦伦伯格提出了他的理论，他认为这些巨石是冰川从远处运来的。1834 年，德国植物学家辛柏尔在巴伐利亚的高山上研究苔藓。当他看到那些分布在高山上的巨大岩石时，也对这个现象产生了浓厚的兴趣。经过两年的考察和研究，1836 年，辛柏尔与他大学的朋友阿加西一起提出了冰川理论。但是无论是谁的理论，在当时收到的都只是一片反对的声音。

冰川搬运的巨大石块——冰川漂砾

我们生活的这个时代当然有冰川，冰川产生的力量能够推动巨石，这也没有争议。冰川理论真正的问题在于，虽然山谷里巨石移动的痕迹非常像是冰川活动，但没有直接的证据证明，温暖的山谷曾经经历过严酷的极寒。如果这个地方连结冰都不可能，又怎么可能存在冰川呢？

科学家就是这么一个奇怪的物种。在找到证据之前，他们一个个固执得像头牛，而一旦找到了过硬的证据，他们就会立即回心转意，瞬间从反对者变成支持者。随后的几十年中，来自地质学、化学和古生物学的大量

疯狂的植物

证据陆续被找到。事实证明，地球的环境温度确实是在温暖和寒冷之间交替的。冰川理论原来的反对者，终于在证据面前达成了共识。

虽然冰川理论已经是一个科学共识，但如果你问当时的科学家："地球上同一地点的气候有没有可能在几十年的时间中，就从温暖湿润演变为极寒？"我相信，你得到的答案一定还是："不可能！"

然而，证据再一次改变了固执的科学家的信念。就在 1.2 万年前，发生了一次气温骤降的事件，寒冷持续了 1 300 年，导致至少 3 种人类的近亲惨遭灭种，超过一半的大型哺乳动物灭绝，这绝对不啻为一场惨绝人寰的物种大屠杀，而这场大屠杀竟然还有一位全程目击者，它就是本章的主角——仙女木。

故事开始于 1935 年的夏天，丹麦的朗厄兰岛南部，一项史前文明墓葬的挖掘工作正在有条不紊地进行着。墓葬坑的旁边，蹲着一个中年男人。他叼着一个黑色的烟斗，一动不动地看着坑里忙碌的工人们。他就是哥本哈根大学植物学教授克努德·詹森。

你可能会觉得奇怪，史前墓葬的挖掘现场，一个植物学家来这里做什么呢？可别小看这位詹森教授，他不仅在植物学领域做出过重要贡献，更以跨学科的花粉分析、土壤沉积物分析以及植物残骸识别技术在地质学领域贡献卓越。你看，詹森教授这几项独门技术，全都与植物学有着密切的关系，还真不是普通的地质学家所能掌握的。

由于年代久远，完全找不到墓葬的历史线索，所以考古学家请来了詹森教授，希望他能给出一个比较确切的年代判断。要知道，在 1935 年，放射性碳定年法还没有被发明出来[1]。考古学家希望利用詹森教授的特长，找到一些特殊线索。

1　*Willard Libby and Radiocarbon Dating.* American Chemical Society.

詹森教授仔细检查着那些已经出土的东西：几块兽类的骨头、一些经过加工的燧石碎片、一把石刀，还有一些木头的碎片。这种史前墓葬是极难直接确定年代的，石刀和石斧这类东西有可能来自 1 万年前，也有可能是 10 万年前。詹森教授从这些文物出土的地方采集了一些土壤样本。他打算带回实验室去，通过土壤沉积物和土壤里残留的植物残骸来作出判断。

　　从宏观上看，在一个固定的地区，土壤的形成和沉积会呈现出一个基本恒定的速度。这个速度与岩石的风化、生物的积累有关系。根据这个沉积速度，就能大致推断出一个地层的年龄。詹森教授通过带回来的土壤样本，把墓葬所在地层的年代大致定位在 1 万~2 万年。

　　但是，他并没有满足于这个判断。在显微镜下，詹森教授一点一点地排查着带回来的土壤样本。他期待从中找到一些他熟悉的东西——花粉。

　　作为一名植物学家，詹森对于花粉有着天然的敏感性。花粉颗粒虽然很小，结构却十分复杂。几乎所有的花粉都有一个坚韧的外壳，包裹着一个专门产生雄性配子的孢子囊。构成花粉外壳的，是一种名叫孢粉素的物质。孢粉素是一种性质稳定的大分子有机物。你可以把花粉的外壳想象成植物制造的天然塑料，这些塑料一样的物质，如果被土壤掩埋，完全可以做到几万年不腐不坏。

　　詹森教授非常注重在地层中寻找花粉。几年前，在他担任哥本哈根植物园园长期间，他就发现地层中的植物花粉遗迹可以传递很多信息。比如，在温暖湿润的年代，地层中的花粉很多；而在干旱少雨的年代，地层中的花粉较少。通过花粉的种类，他还可以分辨出某个地质年代大约有多少种植物生存在这里。

　　很明显，这次带回的土壤中几乎没有花粉。詹森教授不免有些疑惑。朗厄兰岛处在丹麦的最南端，气候温暖湿润，应该有丰富的植物群落才对。想到这里，他越发仔细地观察着显微镜里的影像。他知道，越是这种时候，

　　　　　　　　　　　　　　　　　　　　　　　　疯狂的植物

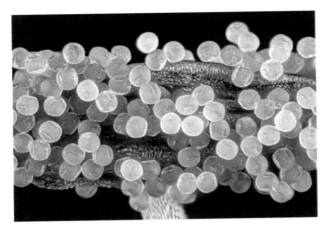

显微镜下的天竺葵花粉

越是需要仔细和耐心，只有找到关键线索，才能解开谜题。

功夫不负有心人。检查完三分之一的土壤样本后，詹森教授在显微镜下发现了花粉颗粒的影子。那些花粉接近圆形，3 个花粉孔对称地分布在周围，这正是仙女木花粉的典型特征。

仙女木虽然名字好听，但亲眼见过这种植物的人应该不多。它是一种开着白花的低矮小灌木，一般生长在极地周围和一些高寒山区，是典型的耐寒植物。

北极山区里一丛盛开的仙女木

但是，朗厄兰岛的气候温暖潮湿，显然并不适合仙女木生存，这些仙女木的花粉又是如何跑到岛上去的呢？难道，朗厄兰岛也曾经经历过寒冷到只有仙女木可以生存的极寒气候[1]？

　　其实，那几年詹森和同事们在斯堪的纳维亚半岛南部考察时，已经多次发现过仙女木花粉的痕迹，这些花粉显然属于第四纪冰川后的产物，距今大约 1 万年。由于考察地点的纬度更接近北极圈，气温也更加凉爽一些，这些发现并没有引起詹森教授的注意。但朗厄兰岛南部新发现的证据使詹森教授感觉到，这件事显然有些不太寻常。

　　詹森教授对这些证据的看法很明确：大约 1 万多年前，欧洲北部曾经出现过一个冰川时代。他马上行动起来，把自己的想法写成了一篇论文，发表在德国的地质学期刊上。随后的几年，詹森教授继续向南推进调查范围，他去了德国、爱尔兰和法国。不出他所料，这些位于欧洲中部的国家（在地理概念上属于西欧），在同样年代的地层中也存在着仙女木的花粉。

　　随着放射性碳定年法的发明，科学家们可以用花粉和碳 –14 定年法双管齐下地判断地质时代的年龄。科学家们发现，仙女木的花粉曾经至少三次在温带甚至亚热带出现过，最早的一次距今大约 15 000 年，第二次则距今大约 14 000 年，而最近的一次只有大约 12 000 年[2]。

　　科学家们就用仙女木来命名这几次的气候变化。最早的一次被称为老仙女木事件，中间的一次被称为中仙女木事件，而最近的这一次自然就被称为新仙女木事件。

　　前面两次的仙女木事件，影响基本局限于欧洲地区，范围较小。但是最后一次的新仙女木事件则是全球性的，对人类影响深远。同前两次仙女

　　1　Jessen, K. (1938). Some west Baltic pollen diagrams. *Quartär-Internationales Jahrbuch zur Erforschung des Eiszeitalters und der Steinzeit*, 1, 124–139.

　　2　Susan Mayhew. (2009). *A dictionary of geography*. Oxford University Press.

木事件一样，新仙女木事件也没有持续很久，大约过了 1 300 年，地球的气温就开始回暖。能够耐受寒冷的仙女木，正是趁着这 1 300 年的寒冷期，蔓延到全球。

对于大多数生命来说，冰天雪地的极地无疑是生命的禁区。西伯利亚地区的平均最低气温为零下 2℃，平均最高气温也不过 7℃[1]。一年中只有 4 个月，那儿的夜间气温会持续高于 0℃。

低温还不是唯一的障碍。在高纬度地区，阳光也相当稀缺。极地地区有长达半年的极夜，在这段时间里植物完全没办法利用光合作用来合成有机物。只凭着极夜这一个障碍，极地就能让地球上绝大多数的植物望而却步。

到了极地的夏天，极昼来临，整天都能看见太阳，但是情况并没有好多少。斜射的阳光强度很弱，根本提供不了多少有效能量。雪上加霜的是，极地地区普遍缺少降水，年平均降水量只有 200 多毫米，并伴有特别强烈的干风[2]。这样恶劣的自然环境，如果换作一般的植物，即便能幸存下来必定也是九死一生。

打个比方，这些能够生存在极地环境的仙女木，就像是跑到硝烟弥漫的战场上，去开一家战地医院的商人。战场上肯定有很多伤员，而伤员也确实需要医疗服务，这样的市场没有竞争，而且又高度刚需，看起来是个不错的生意。但是，想赚到这笔钱，你得先保证自己能在枪林弹雨里存活下来才行。

仙女木面对的状况就是这样。极地地区有广袤的土地，除了大面积的苔藓和地衣之外，大片大片的土地都等着仙女木去占领。不过占领之前，

1　*Climate: Siberia in Russia*. (n.d.). Worlddata.Info.

2　The Editors of Encyclopaedia Britannica. Tundra climate. *Encyclopedia Britannica*.

它们也必须能够先活下来。

在刀尖上混饭吃，光靠幸运肯定是远远不够的，仙女木之所以能在非同寻常的创业路上存活下来，靠的是两件非同寻常的武器。

第一件武器，叫作防风盾。仙女木是一种小灌木，但它的身高却只有10厘米左右。如果不靠近观察，大多数人都会以为它只是一株小草。仙女木的叶片表皮坚硬有力，上面还布满了白色的绒毛。层层叠叠的叶片互相聚拢，紧贴着地面。整个植株的形态，就像是一个扣在地面上的盾牌。这种低矮的形态，不仅有效抵挡了狂风的摧残，还能帮助整个植株保暖，同时也大大降低了水分的蒸发。

沙漠和极地同为低降水的区域。沙漠区域一年200毫米的降水量，对应着3 000毫米的蒸发量，蒸发远远大于降水，这就导致了气候异常干燥。极地气候正好相反，虽然一年也只有200毫米的降水量，但在苔原植被的保护下，土壤的蒸发量常常会低于100毫米。仙女木叶片下的小气候，就常年处于温暖湿润的状态。

仙女木的第二件武器，叫作冬眠舱。冬季的极地处于极夜的状态，没有阳光，任何植物都无法生存，仙女木也不例外。仙女木应对极夜的办法，就是深度冬眠。

你可能会想，很多落叶树木都很耐寒啊，它们在深秋季节分泌出脱落酸，让所有的树叶掉光，减少蒸腾作用，从而度过寒冷的冬天。但我要告诉你的是，这些落叶树木的能力叫作耐寒，而仙女木的本领叫作耐冻。耐冻和耐寒，是两种完全不同的能力。

树木落叶之后，还是有明显的生命活动。树木会利用根系和枝条呼吸，嫩枝甚至还可以进行光合作用。树木会通过呼吸作用来提升体温，避免内部的细胞组织遭受冻伤。树木的这些主动御寒的反应，就叫耐寒。

植物体内的绝大部分组织都是水。当植物的体温不得不降低到零度以

　　　　　　　　　　　　　　　　　　　　　　　疯狂的植物

下的时候，它们体内的水就会结成小冰晶。这些小冰晶会刺破植物的细胞壁，让细胞质流出来。我们看到冻死的植物呈现出的那种充水、透明的状态，就是这么形成的。耐寒植物的能力，就是减少细胞中的自由水来维持体温，避免细胞内的水分结冰。

但是，仙女木需要应对的环境与这些落叶树木大不一样，它们面对的是极地的极寒环境。这种环境下，仙女木无论怎么努力，都不可能把体温保持在零度以上。即使是它们深埋在地下的根系，也免不了要整体降温到零度以下。能在这种条件下"活着"的能力，我们就称之为耐冻。

在寒冷天气的刺激下，仙女木体内容易结冰的游离水会逐渐减少，而不易结冰的结合水则在大幅增加。而且，它体内细胞中所积累的蛋白质和淀粉，会在很短的时间内水解成可溶性的氨基酸和糖类，从而大大提高细胞液的浓度，使细胞液在很低的温度下也不会结冰。

事实上，这种适应环境的能力并非仙女木独有，我们人类同样拥有。寒带地区的人类的血液中的血糖浓度一般高于热带地区的人类，这也是人体为了保障生存所做出的改变[1]。

利用这些能力，仙女木在寒冷的极夜期间就可以彻底躺平了。即便寒冷如极地，也无法将仙女木杀死。到了第二年春天，阳光回归大地，仙女木就又能发出新芽，开疆拓土了。

仙女木的这些本领，都是为了在极地极寒的环境下生存而量身定制的。无论哪种本事，到了温暖的环境里，都不仅会变得毫无用武之地，还会浪费很多养分。所以，它们虽然有本事在战场上开好一家战地医院，却很难在城市里开好一家普通医院。因此，仙女木的势力范围就牢牢地固化在极地周围，难以向外拓展。

---

1 蒲宏伟, 陈漠水, 刘文举等. 不同纬度地区高血压患者的临床特点对比 [J]. 心血管病防治知识（学术版）2016, (08)：22-25.

突然的气候变化改变了仙女木的命运。不到十年时间，全球的平均气温下降了 8℃。巨大的冰川从北极出发，一路向南，挪威、德国和法国很快就变成了与极地一样的寒冷环境。

突如其来的寒冷，让人类的狩猎不再那么容易，本来随处可见的大型动物由于植物性食物的减少也变得稀缺。特别是美洲的大型动物，比如猛犸象、剑齿虎、大树懒、洞狮、巨型袋鼠、巨型河狸、短面熊、骆驼、马……对，你没看错，美洲在 1 万多年前还分布着骆驼和马。它们与已经占领美洲的克洛维斯人一起，在白雪覆盖的地球上彻底消失了[1]。

故事讲到这里，就只剩下最后一个问题了：新仙女木事件究竟是如何发生的？学界前前后后提出过十几种不同的假说，其中最主流的有三种。

第一种假说，叫作温盐环流假说。在发生新仙女木事件之前，我们的地球一直在变暖。这种状态就很像今天的地球，由于温室效应气温持续升高，冰川就不断地融化。终于有一天，冰山的融水稀释了北大西洋的寒流。原本这些寒流会因为温度低、含盐量大而下沉到海底。但由于冰川融水的稀释，这个海流循环被打破了。随后就是冷的地方更冷，热的地方更热，最终引发了一系列的气候异常，导致了新仙女木事件的爆发。

你有没有感觉这个假说有点似曾相识？没错，电影《后天》里讲述的故事的科学原理就来源于此。相信温盐环流假说的科学家警告我们，随着温室效应的加剧，新仙女木事件随时都会卷土重来。

第二种假说，叫作彗星撞击假说。这个假说认为，一颗彗星在 12 000 年前从天而降，撞上了地球。彗星撞击带来的热量融化了冰川，并破坏了海流。有学者研究认为，这颗彗星的尺寸很可能与毁灭恐龙帝国的那颗差

1　The Human Origin Project. (2018, November 24). *Younger dryas event extinction in the prehistoric period.*

不多大小。后面的故事，就与第一种假说一样了[1]。发生过彗星撞击，并不是科学家们大开脑洞。在同一年代的地层里，科学家发现了纳米级厚度的钻石和铂族元素。在北美的多个地方，科学家还找到了富勒烯的身影。这些都是彗星撞击的过硬证据。

虽然看起来这两个假说都是始于冰川融化，终于全球变冷，但是第二个版本的假说，却彻底激怒了第三派的科学家。

在第三派科学家看来，既然已经找到了彗星撞击的过硬证据，为什么还要扯到海流呢？挥舞了那么多年的奥卡姆剃刀，怎么会犯这种低级错误？最简单的解释是，彗星撞击把巨量的尘土送进了大气环流，遮天蔽日的尘土遮挡了阳光，引发了新仙女木事件。这样的解释，难道不是既简洁又可信吗？

这种简洁的解释一度在学术界占了上风。但是支持温盐环流假说的科学家们哪肯善罢甘休，他们在后来的几十年里持续地研究新仙女木事件，每隔几年就会有一篇关于新仙女木事件的新论文出炉。现在，各个地区的新仙女木事件的发生时间，已经被精确到了50年以内。科学家们发现，新仙女木事件在欧洲发生的日期和在美洲发生的日期，前后相差了两三百年。如果地球真的是因为彗星撞击腾起的烟尘遮住了阳光而变冷，那么新仙女木事件在全球范围内就必然同时发生才对。这两三百年的时间差，成了反驳彗星撞击说的有力证据。

直到今天，我们还不知道引发新仙女木事件的真实原因是什么。依然有众多的科学家在全球范围内寻找着仙女木的遗迹，希望这些经历过物种大屠杀的见证者，能够提供给我们更多逼近真相的线索。无论如何，新仙女木事件都给人类提了个醒，人类的能力在自然面前真的是不堪一击。地

1　丁晓东，郑立伟，高树基 . 新仙女木事件研究进展 [J]. 地球科学进展，2014, 29(10)：1095.

球已有 46 亿年的历史，它不需要人类的保护，保护环境其实是为了保护我们人类自己，我们才是真正脆弱的那个。

松鼠与松树，冰天雪地里的默契

2020 年 8 月 4 日，黎巴嫩首都贝鲁特港的一个仓库发生了大爆炸。据调查，这是由于仓库中的 2 750 吨硝酸铵存储不当造成的。这次爆炸的后果极其惨烈，220 人死亡，6 500 多人瞬间受伤 [1]，是人类历史上的一次重大悲剧。

黎巴嫩这个我们不算太熟悉的中东国家，就因为这样一次惨痛的悲剧，进入了我们的视野。

黎巴嫩位于亚洲的西南部，地中海的东岸，面积只有一万多平方千米，相当于北京面积的五分之三。但就是这样的一个小国，却在人类的文明进程中扮演过重要的角色。

早在 2 000 多年前，腓尼基人就生活在这片土地上，并在这里发展出了辉煌的文明。几乎西方所有的字母文字，都可以追溯到腓尼基人创立的腓尼基字母表。可以说，腓尼基字母对后来西方的整个拉丁文字体系，都有非常重要的影响。

由于黎巴嫩地处亚洲、欧洲和非洲的交界处，从古至今都属于兵家必争之地。除了地势上的重要性，黎巴嫩盛产的另一种资源在整个中东地区也非常稀缺。黎巴嫩把这种独有的资源骄傲地印在了自己的国旗上，这就是本章的主角——黎巴嫩雪松。

大约 3 500 万年前，阿拉伯半岛与非洲还是连在一起的。但随着印度

1　Al-Hajj, S., Dhaini, H. R., Mondello, S., Kaafarani, H., Kobeissy, F., & DePalma, R. G. (2021). Beirut ammonium nitrate blast: Analysis, review, and recommendations. *Frontiers in Public Health*, 9.

洋板块与非洲板块的逐渐分离，非洲东部被整个撕裂开来。非洲北部的阿拉伯半岛，从此与非洲大陆彻底分道扬镳。阿拉伯半岛与非洲之间的陆地逐渐陷落，成为红海。

由于长年受副热带高气压带和信风带控制，几乎整个阿拉伯半岛都变成了热带沙漠。由于强烈的蒸发和下渗作用，阿拉伯半岛的大部分地区都没有湖泊或河流。

在阿拉伯半岛的西北角上，有一小片与地中海相邻的山地，由于挡住了来自地中海的潮湿气流，截留了降水，让这里生长出了众多高大的黎巴嫩雪松。黎巴嫩，是阿拉伯地区唯一一个没有沙漠的国家。

巨大的黎巴嫩雪松

与其他松树一样，生长在高海拔地区的黎巴嫩雪松同样不畏严寒，四季常青。除了黎巴嫩雪松外，全世界还有另外三种雪松，它们是分布在非洲西北部的大西洋雪松、分布在塞浦路斯的短叶雪松以及喜马拉雅雪松。

提到喜马拉雅雪松，你一定会以为这是我们国家的特有树种吧？我国确实是世界上拥有松科物种最丰富的国家，几乎所有的松科植物都在我国有所分布。为什么我要说"几乎"呢？因为植物学家在我国寻觅了很多年，就是没有找到野生的雪松属植物的影子。刚刚提到的喜马拉雅雪松，只生长在喜马拉雅山南麓的印度和尼泊尔地区，在我国境内并没有分布。

2013 年，中国科学院南京古生物研究所的研究员苏涛博士和他的团队，在云南省横断山脉西段的永平县发现了雪松的化石痕迹[1]。永平县是我国地形最为复杂的县城之一，汹涌的澜沧江从它的南部穿流而过。

根据化石的特征，研究团队把这种雪松命名为窄缝雪松。这项化石证据充分说明，雪松确实在我国境内存在过。

苏涛博士马上带领团队对地层中的雪松孢粉展开了研究。研究发现，在进入第四纪之后，地层中雪松孢粉就有逐渐减少的趋势，直到距今 2 万年左右的更新世晚期，雪松的孢粉痕迹就突然减少，最后则彻底消失了。

一个物种灭绝，我们很容易认为这是人类行为造成的后果。但是，横断山脉地区山势险恶，环境复杂，自古以来就鲜有人类活动。时至今日，横断山脉依然保持着极高的物种多样性。为什么众多的物种都能在这里存活下来，唯独雪松却灭绝了呢？这个问题用人类活动这个理由来解释，似乎相当牵强。

苏涛博士面对现有的证据，没有轻易下结论。他认为，必须结合地层中各种植物的孢粉分布情况，对横断山脉地区的第四纪气候变化进行气候重建工作。只有知道当时的气候到底发生了什么变化，才有可能推断出雪松灭绝的真相。

各种植物在繁殖期间，都会播撒下大量的孢粉，这些孢粉会混合在一

1　Su, T., Liu, Y.-S. (Christopher), Jacques, F. M. B., Huang, Y.-J., Xing, Y.-W., & Zhou, Z.-K. (2013). The intensification of the East Asian winter monsoon contributed to the disappearance ofCedrus(Pinaceae) in southwestern China. *Quaternary Research*, 80(2), 316–325.

　　　　　　　　　　　　　　　　　　　　　　疯狂的植物

起，埋藏在地层中。在土壤样本中识别出某一种植物的孢粉还算容易，但要把各种各样的植物孢粉都识别和分析出来，就是一个相当艰辛的过程了。不过，想要重建一个时期的古气候变化模型，却非要这么做不可。苏涛博士的团队要把采集到的土壤样本分成很多小份，然后通过非常复杂的工艺，最终把各种经典植物的孢粉数量分别统计出来，再根据每类植物所占的比例变化，来推测气候的变化。

随着古气候模型的逐渐完善，雪松灭绝的答案也渐渐浮出水面。大约在2万年前，横断山脉附近的气候发生了一些变化：上新世晚期以来，东亚地区的冬季季风明显增强，导致云南的冬季变得越来越干燥。

冬季的干燥少雨，对于大部分生活在高山地带的植物来说，其实并不算大问题。生活在高山上的植物，本身就相当耐寒和耐旱。它们的种子在秋天成熟后，本来也要经历一个冬天，然后在第二年的春天才会发芽。冬天到底下不下雨，其实并不影响这些植物的种群繁衍。

但是，在众多的高山植物中，雪松却是一个例外。雪松的种子在秋天成熟后，并不会经历越冬的过程，这些种子只要掉在地上，就会立即发芽。雪松的幼苗会在当年就萌发出来，靠强大的耐寒能力度过冬天。

雪松这个本来强大的能力，在环境变得干旱之后却出了问题。冬季季风的增强，让土壤中的水分减少，干燥的环境不再适宜雪松种子的萌发和幼苗的成长，大量的雪松种子失去了萌发能力，即使勉强萌发的幼苗，也没有办法长到足够越冬的大小。无法繁衍后代，让当地的雪松失去了未来。随着这里的成年雪松逐渐死去，我国就再也没有野生雪松了。

雪松消失之谜，其实映射了裸子植物的尴尬局面：以松树、柏树为代表的裸子植物，在如今的生存竞争中，已经远远落后于被子植物。据统计，现存的裸子植物大约只有800多种，而已经发现的被子植物则多达20多万种，数量上相差250倍之多。

那么，究竟什么是裸子植物，什么是被子植物呢？用最简单的话来解释，裸子植物的种子是裸露在外的，而被子植物的种子则是被外面的果实包裹着的。这很好理解。想象一下你吃苹果时的情形，你必须把外面的果肉吃完，才会露出藏在苹果心里的种子来。但是，你吃松子的时候，那个硬硬的东西，就已经是它们的种子了。

你可别小看这一点点差异。种子外面有没有果肉包裹，意味着这两大类植物有着截然不同的繁殖方式，真可谓天壤之别。

被子植物的果实，是通过花粉产生的精子与雌蕊上的卵细胞结合形成合子，然后在花朵上面的子房中慢慢形成果实，而种子就包裹在果实当中。花朵是被子植物用来孕育种子的专用器官，也只有被子植物才能开出真正意义上的花。

与被子植物相比，裸子植物负责繁殖下一代的场所就简陋得多了。裸子植物繁殖时，它们的孢子囊会生在叶片的根部，这种结构叫作孢子叶。孢子叶会集中长在树枝的末端，聚拢成一个一个的球状，这叫作孢子叶球。松塔就是一个典型的孢子叶球。比较小的松塔里面装的是雄性配子，比较大的松塔里面装的就是雌性配子。雌雄配子借助风力结合在一起，就形成了裸子植物的种子。

虽然松塔在成熟之前，有些能变成漂亮的金黄色，而生长多年的铁树好像也可以开花，但是这些看上去像花朵的结构，其实都是聚拢成球状的孢子叶球。

裸子植物的孢子叶球和被子植物的花，并不只是结构不同，花的意义也远不止于此。不会开花的裸子植物很像一个百年老字号，它们古老、执着，有工匠精神，而且它们还有一整套手艺，能够应对自己遇到的所有问题。但是它们也有一些缺点，就是无论怎么改良，怎么革新，它们都必须依靠自己的手艺，从头到尾把所有的事情都做好。对于老字号来讲，它们

雪松的雄球花

卖的就是工匠精神。如果把以前的手工工艺换成了机器，或者把一些零件外包出去让人代工，那它们就会失去竞争力。

但是，能开花的被子植物的状况刚好相反。它们看起来就像一个电商平台，能开花就是它们实现创新和合作共赢的基础。它们的花会变得千奇百怪、争奇斗艳，它们的花香可以传达出各种不同的信息，它们的花蜜可以给飞来的昆虫各种小恩小惠，它们的果实还能吸引或利用动物帮它们传播种子。

被子植物与动物们的协作策略花样繁多，因为我们后面还有很多故事要讲，这里就不多展开了。可以肯定的是，开花这项植物史上的重大发明，开辟了一个崭新的时代。在此之前，裸子植物们就只有依靠风力传播孢子这一种靠量大取胜的笨办法。

尽管用现在的眼光来看，裸子植物相比起被子植物实在是太低级了，但在整个植物演化史上，裸子植物也是开辟了一个崭新时代的天之骄子。我在《植物的战斗》中讲到苔藓的时候曾经说过，苔藓之所以战胜了地衣，就是因为它发明了可以脱离水生环境的有性生殖。这对于植物来说，绝对是一个颠覆式的大创新。因为基因一旦开始重组，植物的变化就充满了无限可能。

但是苔藓的这个创新还不完整。因为它的有性生殖，从根本上说还是离不开水的。它们的精子还是要靠游泳的方式找到卵细胞，所以它们在干燥的地方就繁殖不了。苔藓也想长高，长得高才能把孢子撒播得远。但是长高之后，环境就变得干燥了，苔藓就很难完成繁殖。它们顶多是附着在地表，慢慢地占领新的领地。

裸子植物的创新，是实现了用风力替代水力的革命性进步。仔细想想你就能发现，所有的裸子植物都是木本植物，而且大多数的裸子植物都很高大。这是因为高处有更多的风力资源，可以更好地帮助它们授粉。

凭着这身本事，在被子植物出现之前，裸子植物已经成了植物界毫无疑问的主流。现在，科学家普遍认为，裸子植物起源于3.8亿年前。从石炭纪晚期到三叠纪，裸子植物统治了地球1亿多年。直到后期，被子植物开始兴盛，它们才逐渐让出了黄金生态位，退守到高寒的地方。

我们现在仍然不知道裸子植物的确切起源。它们可能起源于已经直立生长并且长出了维管束的真蕨类植物，也有可能是从已经灭绝的古蕨类植物中演化产生。现在的主流观点认为，裸子植物们并没有单一的共同祖先，它们很可能独立地演化了很多次。现存的裸子植物门有四个纲，这四个纲的裸子植物分别拥有独立的起源，它们凭借着强大的生存能力，共同组成了裸子植物的大家族[1]。

到了今天，裸子植物家族依然没有真正衰落，在寒带和温带的大多数区域，松柏依旧是森林中的绝对主角。这些高大的乔木，几乎都能四季常

1　Yang, Y. (2015). Diversity and distribution of gymnosperms in China. *Biodiversity Science*, 23(2), 243–246.

绿、傲雪凌霜，构成了冰雪世界里最重要的生态场景，也为这里的大多数动物提供了食物和庇护。

还有一类啮齿类动物，它们会把家安在很多裸子植物的树干上，并且以松子这类坚果作为主食，比如松鼠。

我们知道，生物之间想要进行合作共生，双方都必须做出一些牺牲，以换取对方的协助。可是松树与松鼠的关系，初看起来并不像是平等的。松树给松鼠提供了包括衣食住行在内的所有帮助，但是松鼠既不能帮助松树授粉，也不能帮助松树驱赶害虫的侵扰。松鼠那副啮齿类动物特有的大门牙，反而特别适合咬开松子坚硬的外壳，食用里面富含脂肪与蛋白质的松仁。

在漫长的岁月里，松树经历了无数次的演化，竟然没有演化出任何有效的防御策略。这就好像是一家百年老店，总是无偿地把自己精心制作的产品送给一类客户，却不求任何回报，这实在让人难以理解。

松树并不是没有尝试过保护自己的种子，它为了保护好种子也是花费了不少心思的。松子的外壳几乎是由纯粹的木质素和纤维素构成的，这是植物合成的天然化合物中非常坚固的物质。木质素的性质很像水泥，抗压能力很强，而纤维素就像是钢筋，有超强的抗拉能力。这样一种黄金组合，打造出了最坚固的坚果外壳。

坚硬的松子外壳，还只是物理上的防御，松子内部还有一层化学防御机制，那就是松仁中的单宁。单宁是一种味道苦涩的物质。我们在喝葡萄酒时，那种苦涩的味道就是单宁引起的。单宁不仅味道苦涩，而且有毒性。假如食用过量，就会出现呕吐、胃胀、食欲减退和拉肚子这些症状。

所以，虽然松子美味，但是打开硬壳的艰苦和单宁带来的副作用，还是成功地劝退了大部分动物。不过对于松鼠来说，这些困难似乎都不是问题。松鼠很早以前就演化出了适应单宁的能力。松子中的单宁含量已经超过了 8%，但松鼠依然可以毫不在意地正常食用，而没有任何不良反应[1]。有人怀疑，松鼠很可能已经像爱喝葡萄酒的人类那样，喜欢上了单宁这种物质。松鼠可是杂食动物，它的食谱非常广，从水果到昆虫，再到雏鸟和鸟蛋，松鼠都能吃。但是，即使是在食物丰富的季节，松子、橡果、榛子等坚果依然是松鼠的最爱。

正在进食的灰松鼠

那么，松树面对松鼠，真的就只能逆来顺受了吗？如果松鼠的种群进一步扩大，松树是否会有被灭种的威胁呢？

其实，松树的地位也没有想象的那么悲惨。松鼠与松树，确实是合作伙伴的关系。看起来松鼠充当了不劳而获的角色，但实际上，松树能够牢牢占据温带和寒带山区的生态位，与松鼠的帮助是分不开的。虽然看起来不明显，但是它们俩确实是共生关系。

前面我们说过，生长在我国横断山区的雪松因为气候变冷而灭绝了。

---

1 张明明 . 鼠类对白栎橡子的切胚行为研究 [D]. 洛阳：河南科技大学 , 2014.

灭绝的原因，就是它们的果实没能立即发芽，又熬不过寒冷干燥的冬季。

这不仅仅是雪松才会面临的尴尬问题。包括松树在内的大多数的裸子植物都生活在温带和寒带地区，如何让种子度过漫长而寒冷的冬天，自然是一个大问题。这个时候，松鼠的作用就凸显出来了。对于松鼠来说，漫长的冬天同样非常煎熬。所以，秋天丰收的季节也是松鼠最忙碌的时候。

松鼠必须要在第一场雪到来之前，尽可能多地储存过冬的粮食。这些粮食当然主要就是坚果。它们会将食物收集起来，分散地埋在洞穴的周围。这个距离既不能太近，也不能太远。离家太近，就容易被它们的同类发现；如果埋得太远，搞不好自己需要的时候，也找不到了。不过，即便如此小心，也难免会被贼盯上。有些松鼠专门喜欢偷窃别的松鼠收藏的坚果，它们很善于跟踪其他松鼠，确定埋藏坚果的位置。

科学家们经过统计发现，松鼠会将坚果类的食物埋藏在距巢穴 10 ~ 30 米的范围内，而其他的食物，松鼠们一般会埋藏到距离巢穴 100 米左右的地方[1]。埋藏的时候，松鼠也有一套特别的讲究。它们首先会在地上刨一个洞，然后将需要埋藏的松子放进去。埋藏松子的洞穴，直径一般在 10 厘米左右[2]。埋好之后，松鼠还会用枯枝把洞口和其他痕迹掩盖起来，不让别的动物发现。

等到寒冷的冬天真正来临，松鼠就开始了冬眠。不过，松鼠的冬眠模式与黑熊这类动物不太一样。松鼠的体形较小，身体储存的脂肪不够，所以，它们会在冬眠的过程中醒来几次，吃饱了再继续睡。这就是松鼠储存食物的原因了。

松鼠的食量并不小，一只松鼠一个冬天大约会吃掉 4 500 粒松子，相

1　肖治术，张知彬．啮齿动物的贮藏行为与植物种子的扩散 [J]．兽类学报，2005, 24(1)：61.

2　韦启浪．东北松鼠 (*Sciurus vulgaris mantchuricus*) 的贮食重取机制 [D]．哈尔滨：东北林业大学，2007.

当于 45 个松塔[1]。松鼠有着相当不错的记忆力，它们能记住绝大多数埋藏松子的地点。一项调查研究跟踪了一只黑松鼠埋下的 251 粒坚果，结果，一个冬天过去之后，251 粒坚果中的 249 粒都被这只松鼠找到吃掉了。虽然这是一个相当不错的成绩，但是毕竟还有 2 粒种子没有被找到。这 2 粒种子，最终都发芽了，变成了树苗。

松鼠储存食物有一个非常有趣的特性：它们总会储存比自己的需要多得多的食物。这种行为用人类的逻辑很好理解：手上有粮，心中不慌嘛。这些多余的松子会被遗忘在松鼠挖好的洞穴里，安全地度过严冬。等到春暖花开、冰雪消融的时候，融化的雪水会浸入地下，松鼠的洞穴也会随之塌陷，把这些松子覆盖起来。这时候，松子就会开始发芽，长出新的松树了。

对松树来说，松鼠就是一个勤勤恳恳的造林工。它们在秋天收集松子的时候，每一粒种子都经历过松鼠的精挑细选，个个都成熟饱满，容易发芽。

松鼠在种树的时候，会确保这些种子距离原来的松树不会太近，这就避免了新生的松树苗未来与自己的母亲争夺阳光和养分的问题。松鼠能够挖出地洞的地方，必然有肥沃的土壤，适合幼苗的生长。挖洞的深度，又恰好能让种子安全越冬。相比而言，被松鼠吃掉的那些松子，完全可以看成是松树对松鼠辛勤劳作的奖励。

松树和松鼠，就这样在冰天雪地中达成了完美的平衡。一场看似不平等的交易，背后其实依旧是生态间平等互利的共生。但是很不幸，如此完美的平衡，最后还是被我们人类打破了。

在这个世界上，如果人类说自己是第二爱吃松子的动物，那松鼠可绝

---

1 戎可. 松鼠越冬生存策略及其对红松天然更新的影响 [D]. 哈尔滨：东北林业大学，2009.

对不敢自称第一。人类用了比松鼠更加高效的方式采集着松子，但我们种树的效率似乎却比不上松鼠。松鼠失去了自己的生态位后，也间接地影响了松树种群的扩张。

今天的黎巴嫩雪松和许多的裸子植物一样，正在面临着灭种的威胁。希望这些在地球上存在了 3 亿多年的植物，不要在我们的有生之年消失。

第二章 驯化之路

水稻，成就伟大的接力棒

2021 年 5 月 22 日，长沙下着小雨，一辆黑色的灵车缓缓地从湘雅医院的门口驶出，开往城市另一端的明阳山殡仪馆。路途上，所有的车都为这辆车让出一条通道，很多车纷纷鸣笛以示哀悼。在人行道上，人们纷纷目送灵车驶过，"袁爷爷，一路走好"的口号飘荡在整座城市上空。是的，正如你所知道的，我国最著名的科学家之一，"杂交水稻之父"袁隆平院士于 2021 年 5 月 22 日 13 时 07 分逝世，享年 91 岁。

作为一名老人，袁隆平先生其实已经算非常高寿，但作为一名科学家，他的离去似乎又显得那么突然。我曾经写过一篇文章，标题是《为什么我们不能神化袁隆平院士》，我详细介绍过袁老对于杂交水稻的功劳，我的观点是将袁老神化既是对袁老的不尊重，也是对其他中国科学家的不尊重。那么，本章我想从水稻的角度出发，来讲述一下人类与水稻的故事，同时也从我个人的角度，来客观评价一下袁老对我国的贡献。真实客观地了解袁老对科学的坚守和奉献，或许是对这位优秀科学家最好的纪念。

被子植物自白垩纪诞生后，根据种子子叶的不同，逐渐就分化成为两个方向。一个方向是双子叶植物，这类植物普遍会开出美丽的花朵，吸引昆虫等动物来帮助自己授粉，菊科、兰科、豆科这些比较晚出现的双子叶植物采取的都是这个策略；而另外一个方向，也就是单子叶植物，它们的演化同样在继续，它们普遍没有太漂亮的花朵，而是利用风来帮助自己授粉。处于演化最前端的正是禾本科植物，也就是狭义上的草。

由于缺少艳丽的花朵，禾本科植物想要活下去，就需要做很多改变。首先，就是将授粉的工作尽量简化，既然无法借助别的生物的力量，那么授粉的过程就要尽量简单快速，甚至自身就能完成是最好的，这就是自花授粉。其次，禾本科植物在生长的过程中，为了抢占环境中的生态位，产生了两种策略，一种是在空间上占据生态位，这就是以竹子为代表的竹亚科，它们会尽量缩短生长的时间，在最短的时间内尽量长高，占据争夺阳光的有利位置；另一种则是在时间上占据生态位，这就是以水稻为代表的稻亚科，它们会在最适宜生长的季节（一般是从春天到秋天）抓紧开始自己的一生，而一旦到了环境不利的时候，又会果断结束自己的生命，把营养留给下一代（种子）。所以稻亚科的种子，一般会含有相对充足的养分，来支撑脆弱的身体度过不利的环境。

禾本科的策略非常成功，它就像一家专门给独角兽投资的基金公司，总是能抢占不同区域市场的先机，直到碰到了人类。由于禾本科植物种子中贮藏有养分，尤其是含有人类可以非常方便利用的淀粉，所以人类逐渐开始驯化禾本科植物，让它们进入人类的餐桌，养育一代又一代的人类。也正是这样的特性，让不同地区的人类都得以找到适合当地生长的禾本科作物作为粮食：在南美洲，人类驯化了玉米；在中亚，人类驯化了小麦、大麦和黑麦；在我国的北方，狗尾巴草被逐渐驯化成粟，也就是小米；而在我国的南方，先祖们驯化的就是水稻了。

关于水稻究竟起源于何地，学术界曾经有过争论，印度、日本、韩国、泰国都曾经宣称水稻是他们的老祖宗最先种植的。各国的科学家分别用考古和野外搜集的方式来论证水稻的起源之谜，这场争论持续了一百多年。最终在 2011 年，美国的两位科学家通过一项大规模的 DNA 研究，利用分子生物学的手段，终于搞清楚了水稻的起源之谜：水稻起源于我国长江中下游平原，在史前时期随着其他物种的交流传到了印度，然后又从印度传

成熟的水稻

回到中国南方 [1]。在这个过程中，水稻形成了多种多样的形态，在我国一般可以把水稻分成两大类：一类是比较适宜寒冷的气候，即生活在北方的粳米，粳米的米粒一般呈椭圆形或圆形；另外一类则是更喜欢温暖气候，即生活在南方的籼米，籼米的米粒一般比较长。除此之外，在热带地区还有另外一个类型，它同样适应热带气候，但米粒却更像北方的粳米，这个类型被称为爪哇型或者热带粳稻，主要产自印度尼西亚等热带地区，在我们国家比较少见。在市面上常见的糯米，并不算是水稻的一个类型，它与非糯米的区别主要在于淀粉的结构不太一样，糯米的支链淀粉更多，而非糯米的直链淀粉更多。粳米和籼米都有对应的糯米品种。水稻种子的颜色，也不仅仅只有我们常见的白色，还有紫色、黑色、棕色和红色等颜色。

1　Molina, J., Sikora, M., Garud, N., Flowers, J. M., Rubinstein, S., Reynolds, A., Huang, P., Jackson, S., Schaal, B. A., Bustamante, C. D., Boyko, A. R., & Purugganan, M. D. (2011). Molecular evidence for a single evolutionary origin of domesticated rice. *Proceedings of the National Academy of Sciences*, 108(20), 8351–8356.

　　　　　　　　　　　　　　　　　　　　　　　　疯狂的植物

不同种类的水稻种子

　　大约在 1 万多年前，水稻还只是一种普通的草，在热带激烈的生存竞争中，想要生存并不是那么容易的事。当水稻的种子成熟时，它们会变成低调的黑褐色，与土壤的颜色类似，避免动物以它们为食，并且会在最短的时间内脱离植株，藏身于泥土之中，等待气候适宜的时候孕育出新的生命。同时，为了避免动物的啃食，种子的外壳上会长出长长的芒刺，芒刺上还有倒钩，假如动物真的要以它们为食，芒刺会刺破捕食者的皮肤，而倒钩则会让捕食者成为传播种子的工具。正是由于这些特性，野生水稻充满了野性，是一种并不友善的植物。

　　但是，当水稻遇到人类后，在人类的简单干预下，水稻开始改变自己的性格，原本锋芒毕露的芒刺逐渐消失，原本自动脱落的种子也不再主动脱落，水稻的产量也在逐年增加，它逐渐从一种普通的草变成了全世界很多地区的主粮。但这样的演变毕竟太缓慢了，需要靠水稻自身的变异才能发生，而水稻的生长周期又相对比较长，性状上的任何一点改变都需要花费很多的时间。更重要的是，水稻是一种严格的自花授粉植物，这更限制了水稻产生变化。

自花授粉植物的花是两性花，在花朵上既有雄蕊又有雌蕊，雄蕊上的花药会直接和雌蕊上的柱头接触，此时就完成了受精，所以不需要别的植物，这类植物也能繁衍出下一代，水稻正是如此。通常在夏天中午高温高湿的环境下，水稻花朵上的苞片（颖壳）会从中间裂开，伸出 6 个花药。花药上面长满了花粉，只需要轻微抖动，花药上的花粉就会坠落到颖壳底部的柱头上，水稻就完成了授粉。对于很多被子植物来说，开花是生命中最重要的事。它们会尽量让自己的花朵颜色艳丽，散发芳香，吸引昆虫或动物前来帮助授粉。但对于水稻来说，开花似乎就是走个过场，只要意思一下就行了。一般水稻开花的时长都不到 1 小时，就足以完成繁衍下一代的任务。

水稻开花

　　自花授粉的植物，可以保证植物的"血统"纯正，但产生优良变化的概率就小得多了。在自然界中，有性繁殖很重要的目的就是物种间的基因能产生交流，所以绝大部分的植物都不是自花授粉的，但偏偏水稻这种重要的粮食作物却是自花授粉的植物。中华人民共和国成立后刚开始研究水稻的时候，摆在中国科学家面前的第一个难题就是水稻能否杂交，杂交之

疯狂的植物

后是否有优势。在此之前，玉米、小麦、烟草等植物都已经实现了杂交，并且根据人类的需求产生了优良的性状。但对于水稻这种严格自花授粉的植物，杂交会有优势吗？20 世纪 30 年代，美国著名的遗传学家辛洛特和邓恩在《细胞遗传学》教材中明确强调了像水稻这种自花授粉的作物没有杂交优势，这个概念对于当时新中国的科学家影响很深。在那个人类对基因还不了解的时代，这相当于断绝了人类企图让水稻主动发生变化的可能。想要提升水稻的产量，就只能一代代寻找自身发生变异的水稻。

尽管辛洛特和邓恩的观点判了杂交水稻的死刑，但他们的观点也不是没有挑战，比如我国水稻栽培学的奠基人丁颖教授，他做了许多深入的研究。1933 年，他利用多年生普通野生稻与"竹粘"进行天然杂交，选育出了"中山 1 号"新品种[1]，开创了野生稻与栽培稻远缘杂交育种的先河，为后来的科学家提供了育种水稻的新思路。并且丁颖教授还观察到，野生稻中存在水稻开花时雄蕊上花药不开裂的现象，这就意味着水稻存在雄性不育的可能，那就可以用雄性不育的水稻与正常的水稻进行杂交了[2]。值得一提的是，丁颖教授还有两个身份，他是中国农业科学院的第一任院长，也是华南农学院，也就是今天华南农业大学的第一任校长。

随后，我国的科学家们开始沿着丁颖教授的道路去探索水稻育种的研究，特别是利用杂交的方法进行育种。这就要说到袁隆平院士的功劳了。袁隆平院士于 1953 年大学毕业后，就开始了自己研究水稻的道路，更准确一点说，是开始了研究籼米的道路。因为在当时，我国北方的粳米，特别是东北的粳米主要是日本人占据东北时留下的品种，品质和产量上的优势都比较明显，因此粳米对于新品种的需求没有那么大，而在南方，由于

1　丁颖. 广东稻作改良及将来米食自给之可能性 [J]. 中华农学会报，1933，113:1-4.

2　中国农业科学院水稻生态研究室等. 丁颖教授的学术观点和在水稻研究上的成就 [J]. 作物学报，1964, 3(04): 349-356.

当时的籼米不仅口感比较差，且产量也低于粳米，所以更需要新的品种出现，特别是袁隆平院士还被分配到了湖南，那儿更是籼米的主要产区。

袁隆平院士对水稻产生兴趣，是因为他偶然之中发现了一株非常高大并且种子饱满的水稻，并且第二年这株水稻种子长成的新水稻中，并不是都和母本呈相同的性状。袁隆平惊喜地意识到，这株水稻母本是一株天然的杂交水稻，否则不可能在第二代出现不同的性状。于是，他就把自己的发现写成了一篇叫作《水稻的雄性不孕性》的论文进行发表，明确地提出了"水稻具有杂种优势，尤以籼稻杂种更为突出"。尽管此前也有别的科学家提出了类似的观点，但只有袁隆平明确了这个假设，并且用了毕生的精力去进行证明。从这个角度来说，袁隆平院士的"中国杂交水稻之父"的荣誉当之无愧。

尽管丁颖和袁隆平院士打破了美国科学家"杂交水稻没有优势"的观点，但当时摆在中国科学家面前进行研究的理论障碍还有一个，就是苏联李森科的理论。李森科一派不承认孟德尔的遗传学说，而是认为可以通过营养杂交的方式培育新的后代，其实就是利用嫁接的手段将两个物种结合到一起进行培育，比如马铃薯植株上嫁接番茄，这样在植株的上面可以生长番茄，在根部可以生长马铃薯。公允地说，营养杂交的方式确实是培育物种的一个思路，一直以来也有人在尝试用这个方式进行培育。但问题在于，李森科一派的学者不是用实验来论证自己的观点，而是借助政治力量打压和自己观点不同的科学家，甚至连著名的遗传学家瓦维洛夫都在李森科的迫害下不幸离世。在没有自由的科研环境下，造假和迫害就是必然发生的事情。而袁隆平的发现，恰恰说明了遗传定律是客观存在的，这在当时中国受到苏联政治影响的大背景下，是一件非常不容易的事情。

另一方面，当时国际上由于丁颖教授和别的学者的研究，已经有了对于杂交水稻培养的一个思路，这个思路就是著名的"三系法"。所谓的三系法，就是要找到三种不同品种的水稻。第一种叫作不育系，也就是不能产生正常花粉的雄性不育系，它是保证可以进行杂交过程的关键，这种水稻其实就是自身产生缺陷的水稻，在自然情况下由于不能正常授粉，所以它们即使出现了也很容易死亡，不会留下后代。为了保证这种水稻能够有后代，这就需要有第二种水稻，也就是保持系，它们的使命就是提供花粉，让第一种雄性不育系的水稻可以产生后代，并且同样保持雄性不育的性状。第三种水稻就是有着一些优良特性，比如产量高、耐倒伏、耐干旱的水稻品种，这就是恢复系。利用不育系和恢复系进行杂交，就可能出现符合人类设想的水稻新品种了。这样的"三系法"，最早是由日本的科学家提出，并且运用到了粳米上。但日本科学家却没能解决一个问题，就是找到合适的不育系水稻品种，所以这个理论只停留在实验室阶段，没能大规模推广。

后面的故事，相信有些读者听过了。1971年11月23日，袁隆平院士的助手李必湖在海南农林技术员冯克珊的协助下，在三亚南繁基地南红农场试验田中发现了一株难得的野生稻雄性不育株，将其命名为"野败"；第二年，另外一位院士朱英国同样在海南发现了另外一株野生稻"红莲"；也正是在同一年，颜龙安院士利用"野败"成功培育出了首个不育系品种。尽管有了不育系，但保持系和恢复系也不是那么容易就能找到合适的。当时，我们国家几乎是举全国之力找遍了国内所有的水稻品种，终于在袁隆平院士的带动下让"三系法"从理论变成了实践。当然这个过程并不是一帆风顺的，当年利用"野败"培育的杂交稻"南优2号"，刚推广没多久就爆发疫病导致颗粒无收。后来，是另一位农学家谢华安院士培育的杂交稻"汕优63"实现了量产，这也是在很长时间内播种面积第一的杂交稻品种。"三系法"的成功，最大的贡献或许不是能产生多少大米，而是保证了中国粮食的安全，也就是在很短的时间内让中国解决了"吃不饱"这个几千年来一直困扰中华民族的问题。

"三系法"虽然很完善，但也有一个问题，就是培育的过程太复杂，并且需要花费很多时间培育不育系和保持系，所以虽然这个方法行之有效，但耗费巨大。幸运的是，正如"野败"和"红莲"的发现，很快自然界又送给中国人另外一种特殊的水稻。就在全国动员寻找水稻品种的 1973 年，湖北的一位科技员石明松在稻田里发现了 3 株很奇特的水稻，它们在日照时间长的环境下，表现出不育的性状，而在日照时间短的情况下又恢复正常。这样的特性，就可以根据人类的需求，在需要杂交的时候用长日照照射，让它表现出不育的性状；在需要它延续自己后代保持特性的时候，就短日照照射，它就可以靠自己延续后代。这种水稻就不再需要另外寻找恢复系了，它自己既是不育系又是恢复系。这样的"两系法"，比"三系法"更省成本也更加有效率。此后袁隆平院士也花了很长时间来研究"两系法"[1]。不过很可惜的是，发现这 3 株植株的科技员石明松因为意外过早地离世，并没能享受到应有的荣誉。

　　解决了理论问题后，我国科学工作者所做的就是把理论转化为实践。在很短的时间内，我国水稻的产量有了大幅度的增加。2020 年 11 月 2 日，袁隆平院士团队的"叁优一号"第三代杂交水稻，达到了亩产 1 530.76 千克（1 亩 ≈ 666.67 平方米），这也是目前为止人类种植水稻的最高产量[2]。

　　当然，让中国人吃饱并不仅仅是杂交水稻这单一技术的功劳。在近四十年里，除了杂交水稻技术，粳米的培养，小麦、玉米新品种的培育，以及农药、化肥、农业机械的推广，所有这些因素包含在一起，才让我们国家得以实现粮食自主。从这个角度来说，在袁隆平院士的背后，是无数个袁隆平。正是所有农业工作者的共同努力，才让中国从一个农业大国变

　　1　李晏军. 中国杂交水稻技术发展研究 (1964~2010)[D]. 南京：南京农业大学，2010.
　　2　新华社. (2020-11-2). 袁隆平团队杂交水稻双季亩产突破 1 500 公斤.

成了一个农业强国。

杂交水稻技术，在那个年代是非常了不起的成就。但随着生物基因技术的进步，利用基因技术改良作物，则是更高维度的生物改造。在分子层面，水稻自花授粉这个难点可以被轻松化解。目前我国的张启发院士正在进行水稻基因组的研究，并在此基础上开发抗虫、抗旱的"绿色超级稻"。

最后，我还是想斗胆来评价一下袁隆平院士的贡献。本章反复出现了很多人名，因为很多时候这些人的贡献都被隐藏在了袁隆平院士之后，所以尽管烦琐，还是希望大家能记住这些为水稻育种做出过重大贡献的科学家们，他们是丁颖、袁隆平、李必湖、冯克珊、颜龙安、谢华安、石明松、张启发。当然，在他们的背后，还有更多的科研工作者。说这些科学家的名字，并不意味着要否定袁隆平院士的功劳。在我看来，袁隆平院士至少有如下 5 点功绩：

1. 开创水稻育种的新技术并用于实践，保障了我国粮食的安全水平；

2. 在特殊历史时期维护科研，让科学回归于逻辑与实证；

3. 在他的领导之下，中国水稻种植技术跃升至国际先进水平；

4. 客观上让民众对于农业技术保持持续关注，科研人员的地位得以提升；

5. 从底层减少了农田面积，减少人类对自然生态的破坏。

听我讲到这里，你是不是会自然而然地认为，杂交水稻是了不起的发明，解决了我国的吃饭问题，它比常规水稻好很多，是更加先进的水稻品种，理应把常规水稻都淘汰，而且应该占领全世界的水稻田。

但事实并非如此，事实上，直到今天，只有中国是全世界唯一大规模种植杂交水稻的国家。并不是中国不肯把好东西出口到外国，也并不是除了中国其他国家都不缺粮食，而是农民选择种植哪种水稻，并不只看产量这一个指标。对农民来说，杂交水稻也有很多缺点。比如，你可能知道，就像骡子，杂交的生物很难继续生育后代，杂交水稻也是这样，种子在一个种植季节只能使用一次，下个季节再种就要再跟种子公司购买，这对农民来说就是一笔额外的负担。还有，杂交水稻更容易感染病虫害。更要命的是，杂交水稻的口感和营养指标往往不如常规稻。你可能吃过米粒细长的泰国香米和印度香米，这些都不是杂交水稻。它们的亩产量比杂交水稻要小得多，但它们的价格却可以是杂交水稻的好几倍。在东南亚地区，杂交水稻的种植面积是非常少的，比例最高的越南也只不过 8% 左右，像印度那么大一个国家，杂交水稻的种植面积还不到 1%[1]。

希望本文能让你对水稻有一个更加客观和全面的了解，这或许是对袁隆平院士最好的纪念。

红薯与马铃薯，谁才是淀粉工厂？

1722 年 4 月 5 日，这一天是复活节。茫茫的太平洋上，一个由三艘帆船组成的小船队正沿着西北偏西的方向行进，他们已经连续航行了整整 8 个月。这次航行的路线并不是他们熟悉的贸易路线。船队的目的是想探索南方大陆，再顺便找一条跨过太平洋从南美洲直接返回欧洲的新航线。

天空中万里无云，海面上几乎没有风。风帆时而张紧，时而松弛。船员们对于一望无际的蓝色，早已经厌倦透顶，每一个人都渴望见到陆地。

"快看，大陆！"不知道是哪位船员大喊了一声，甲板上立马沸腾了起来。船舱里休息的船员听到之后，也赶紧钻出船舱，来到甲板上观望。

船长雅可布·罗赫芬（Jacob Roggeveen）立即拿起望远镜，向船员指着的方向望去。果然，海平线上出现了一段曲曲折折的黑线。罗赫芬立

1　国际遗传资源行动组织 . (2005, March). 杂交水稻在东南亚各国推广失利 .

即下令改变方向，向着陆地的方向进发。

然而事与愿违，这片陆地并不是让罗赫芬魂牵梦绕的南方大陆，它只是一个地图上没有标注的小岛，也就是我们今天知道的复活节岛。在小岛的海边，伫立着很多体形巨大的石像。每一座石像都目光深邃，望向大海的尽头。

荷兰人登陆小岛之后惊奇地发现，那种巨大的石像竟然有一千多座，分布在海岛的各个地方。除了这些石像，这座岛上的自然环境非常恶劣，甚至连一片像样的森林都没有。

令人惊讶的是，在这个荒凉的岛上，居然生活着近万名原住民。更奇怪的是，他们虽然靠着大海却不会捕鱼，甚至连条像样的船都没有。这显得非常不合常理，这么多人口怎么能在这么荒凉的孤岛上不靠捕鱼而存活下来呢？在进一步与这些原住民接触后，秘密终于揭晓，荷兰人惊讶地发现，他们赖以生存的食物原来是一种能长出块根的植物，它就是被我们称作红薯的东西。

我们汉语中的植物名称有一个非常有意思的现象，就是常常用一个字来给具有同样特征的植物命名。比如葵花的葵字，就表示叶子像手掌一样的植物，向日葵、秋葵、蒲葵，虽然它们之间并没有亲缘关系，但是它们的叶子确实长得很像；再比如草莓的莓字，一听到这个字，我们就能联想到一类果肉多汁、不用吐籽的水果，就像草莓、蛇莓、树莓、蓝莓……

像这个红薯的薯字，就能给人一种满满的饱腹感。所有名字里带"薯"字的植物，普遍都具有明显的块根或者块茎，比如红薯、马铃薯、木薯、薯蓣（也就是我们常说的山药）、菊薯（也就是雪莲果）。反正一听薯这个字，那就肯定是能吃且管饱的东西。

农业上有"三大薯类"的说法。这三大薯指的就是红薯、马铃薯和木薯。这里先稍微提一下木薯，可能大家对它不是特别熟悉。木薯是一种大戟科的植物，它含有氰化物质，因此生的木薯有剧毒。不过因为木薯实在是一种产量高、种植难度低的优秀淀粉植物，所以很久以前人们就找到了降低木薯毒性的好办法。直到现在，在非洲和南美洲的一些地区，木薯依然是当地的主粮。据不完全统计，现在全球依赖木薯生活的人超过了 7 亿。

田里成熟的木薯

相比木薯，靠红薯和马铃薯养活的人口就更多了。根据国际马铃薯研究中心的数据，全球每年红薯产量约九千万吨，而马铃薯的全球产量更是超过 3 亿吨，是仅排在水稻、小麦和玉米之后的第四大粮食作物。全球有超过 10 亿人吃马铃薯[1]。所以，地球上能维持 80 亿的人口规模，与薯类三兄弟的贡献肯定是分不开的[2]。

全世界的人对红薯和马铃薯的认知都差不多。在汉语中，红薯和马铃薯都是薯的一种。在英语中，马铃薯叫作 potato，红薯则叫作 sweet potato（有甜味的马铃薯）。但实际上，这两种植物不仅在亲缘关系上相去

1　*Potato*. International Potato Center.

2　*Worldometer*. 世界实时统计数据.

　　　　　　　　疯狂的植物

甚远，它们甚至都不是植物身上的同一个部位。我们食用的红薯是红薯这种植物膨大的块根，而马铃薯则是植物膨大的块茎。

我想，即便我不作解释，你也应该能理解块根和块茎这类组织的用处，那就是储存营养。如果我们把植物当作一家创业公司，那么植物的生长就是这家公司从无到有、从弱变强的过程。任何一家公司的业务，都不可能是绝对稳定的。把旺季赚到的钱存下来一些，就可以在生意遭遇淡季的时候，把存款拿出来渡过难关。

植物最经常面临的周期性风险，就是寒冷的冬季。除了热带平原地区可以一直保持适宜的光照和温度外，地球的大部分地区都面临着冬季气温下降、光照减少的局面。那么，如何度过这段艰难的时期，就成了植物必须面对的最重要的问题之一。

说到这里，你可能一下子就想到了，红薯和马铃薯的块根和块茎，就是为了越冬作出的发明。但是请你先别着急下结论，因为处理越冬问题，可并不是只有在根茎中积累养分这一种解决方案。事实上，植物面临这个问题有很多种选择。

最简单的应对冬季的策略，就是化整为零让种子过冬。所有的一年生植物，用的都是这个策略。它们春天发芽，夏天开花，秋天留下种子之后，就枯萎死亡。到了第二年天气转暖，它们就会重复这个循环。虽然这类植物的生命只能持续一个夏天，但是它们的效率可一点都不低。在北方的大地上，春天万物复苏，到秋天一片枯黄，大部分植物都是这么过日子。

这样的策略，就好像一家一分钱也不存的公司，所有的利润都会用工资的方式发给员工。如果遇到经济不景气怎么办呢？那就干脆倒闭，等到市场复苏，每个人再开一家公司就是了。

如果某一年的冬天不太冷，可能就会有几株比较粗壮的草根没有被冻死。第二年春暖花开时，这些幸存的根系就抽出嫩芽，重新焕发出生机。

这些去年没有死掉的小草比种子长得更快，开花也更早，同时也可以更早地吸引昆虫授粉。早春开花，对植物来说，是一个崭新的蓝海市场。让植物的根系变得更加粗壮、耐寒的基因逐渐流行开来，宿根植物就是这么演化出来的。

宿根植物的缺陷当然也很明显，它们缺少专门储存营养的器官。冬天气温不太低还好，如果遇上冷冬，还是很容易被冻死。

所以，存储养分应对冬天，就成了一件专业性很强的事情了。对于植物来说，能储存越冬养分的特定器官，无非就只有根、茎、叶三种选择。当一个特定的器官开始担负起储存养分的重任之后，一般都会发生外形膨大这类变化。这在植物学里被叫作"变态"。

对于根部而言，最简单的策略就是让主根膨大变粗，用来储存营养。胡萝卜、萝卜和甜菜，走的也都是主根膨大变粗这样的技术路线。这条技术路线简单易行，但是也有很明显的缺陷，那就是主根只有一条，而主根所处的空间是有限的。一个萝卜长得再大，它能存储的养分也是相当有限的。这等于把所有的鸡蛋都装到了同一个篮子里。如果主根受到伤害，那么整棵萝卜也就跟着完蛋了。

红薯的策略比起主根膨大变粗，要更先进一些。红薯膨大的根部是它的须根。须根的数量非常多，所以一棵红薯藤下面，能结出几十斤甚至上百斤的红薯[1][2]。

马铃薯采用的策略叫作变态茎。如果你仔细观察马铃薯，就能在马铃薯比较尖的一头找到它的顶芽。马铃薯块茎上的芽眼，全部都是螺旋形地分布在顶芽周围。如果你仔细观察马铃薯的芽眼，还能看到每个芽眼里面

1　张秋红 . 植物营养器官变态漫谈 [J]. 生物学教学 , 2005, (01):55-56.

2　周建华 . 植物的变态营养器官 [J]. 生物学教学 , 2007, (03):64-65.

红薯膨大的须根

都长着一片退化的叶子。所有的块茎植物，比如荸荠、慈姑、芋头，都有这样的特点。

还有一类植物，它们用变态的叶子来储存养分。说到能储存养分的叶片，你会不会想到多肉植物呢？多肉植物的叶片确实能储存养分，但是这些养分的用途并不是用来越冬，而是用来度过旱季。真正用叶片储存养分过冬的植物，是鳞茎类植物。我们熟悉的洋葱、百合和大蒜，都是鳞茎类植物。如果你把洋葱剥开，会看到一层一层包裹得非常紧密的叶片，在所有叶片的最中心，就是洋葱的顶芽。在过冬的时候，一层层肥厚的叶片，就是洋葱顶芽的保温被。利用这种结构，它们就能顺利地度过冬天。

很有意思的是，这种靠着很多层叶子保温并存储养分的结构，并不是洋葱这类鳞茎植物所独有的。我们非常熟悉的白菜和包菜，也演化出了类似的结构，它们都有着跟洋葱一样的一层包一层的叶片结构。这种层层包裹的结构，既能存储养分，也能保温。在第一年的冬天，白菜心里的叶子根本见不到阳光，它们唯一的作用就是存储养分。等到第二年春暖花开，白菜的叶片才会一层一层地张开，把里面的新叶露出来。同时，它们也会利用存储的养分，迅速长出巨大的花序，开始一段长达 2 个月的花期。白菜与洋葱并没有亲缘关系，但是在同样的环境压力下，它们找到了类似的解决方案。当然，这个演化过程少不了人类的干预。

说完了植物们的越冬策略，我们还要说回红薯。红薯是来自美洲的作物[1]，由于南美洲的原住民种植红薯的历史实在太久，导致我们至今也搞不清野生红薯的原生地在哪里。

红薯有一项非常神奇的能力。它耐受盐碱地的能力特别强，可以很好地生长在海边的沙地里。西班牙人在新大陆见到红薯后，简直如获至宝。因为开辟殖民地的过程中，常常需要把海边当作据点，而能够生长在海边的红薯，自然成了重要的战略资源。西班牙人殖民到哪里，就把红薯带到哪里。

红薯传入中国的故事非常传奇。1589 年，一位名叫陈振龙的中国商人发现西班牙人在菲律宾的吕宋岛上，秘密种植着一种名叫红薯的农作物。只要把一些根芽种下去，很快就能收获上百斤的块根。陈振龙立即想到，在他的家乡福建省，由于土地盐碱化很严重，种什么作物收成都不好，每隔几年就会爆发一次饥荒。如果能把红薯带回家乡，不知道能救活多少父老乡亲。经过仔细的策划，陈振龙把偷来的新鲜红薯藤编到筐子里，再用筐装上其他的货物，历经几番周折后终于把红薯带回了家乡[2][3]。

虽然红薯传入我国的时间并不长，但它带来的影响却特别深远。因为红薯有着极好的适应能力，它在短短的几十年内就传遍了全国。很多史学

1　*Exploration, maintenance, and utilization of sweet potato genetic resources: Report of the first sweet potato planning conference*, 1987. (1988). International Potato Center.

2　肖伊绯 . "红薯之父" 陈振龙——纪念陈振龙逝世四百周年 [J]. 书屋 , 2020 , (05) : 74-77.

3　陈立立 . 远洋陶瓷贸易与番薯的引种 [J]. 农业考古 , 2007, (03) : 26-31.

家都认为，我国的人口总数在清朝初年迅速达到 3 亿的规模，与红薯的大规模种植是分不开的。

所以，也有历史学家就说，陈振龙凭借着一己之力，改变了整个东亚文明的发展格局。这话虽然说得比较夸张，但也确实是有根有据。在一些文学作品中，也经常看到红薯救命的故事，这些故事并非杜撰，在所有可以当作主粮的农作物中，红薯确实有着非常独特的优势。

回到本章的开头，或许你很容易想到，与复活节岛距离最近的大陆是南美洲，那么这里的红薯是不是从南美洲传播过来的呢？

这种观点似乎顺理成章，但一直到 2018 年我们才知道事情的真相。牛津大学的一个研究团队想通过基因的变异，开展红薯原产地的溯源工作。除了在世界各地采集红薯样本，研究人员还获得了保存在大英博物馆中的两份古老的红薯样本。这两份样本分别是 1722 年雅可布·罗赫芬在复活节岛上获得的红薯样本和 1769 年探险家班克斯从波利尼西亚采集的红薯样本。

经过基因溯源后，科学家得出了很有趣的结论。复活节岛上的红薯，并非来自南美洲，而是来自距离复活节岛更远的波利尼西亚，而波利尼西亚的红薯，则是在 11.5 万年前～3 万年前这段时间从南美洲传到波利尼西亚的。

复活节岛的红薯来自 4 000 多千米外的波利尼西亚，这个结论很令人吃惊，但经过分析却也在情理之中。因为波利尼西亚人是天生的航海家，他们确实有驾驶独木舟，沿着南太平洋上的波利尼西亚岛链进行长途旅行的能力。复活节岛上的居民，后来也被证实，确实是波利尼西亚人的后裔[1]。

---

1 *Mystery of sweetpotato origin uncovered, as missing link plant found by Oxford research.* (2022, January 24). University of Oxford.

但是，如果说波利尼西亚的红薯来自南美洲，这就有点颠覆我们的认知了。在 3 万年前，无论是波利尼西亚还是南美洲都还没有人类，红薯是如何跨越将近 8 000 千米的太平洋到达波利尼西亚的呢？

不过，分子生物学证据毕竟是生物学研究中最硬核的证据了。虽然这样的结论让人感到匪夷所思，但仍然非常值得重视。有些科学家认为，流速较快的南赤道暖流，很有可能帮助红薯从南美洲抵达波利尼西亚。

南赤道暖流的平均流速可以达到每小时 2 千米。如果按照这个平均速度计算，红薯漂到波利尼西亚可能需要 5 个月的时间。但是，根据伯努利方程可以知道，漂在水里的物体总会被流速更快的水流所裹挟。这样的话，顺着海水漂流的红薯，很可能会获得远超过平均流速的速度。比较乐观地估计，红薯从南美洲到达波利尼西亚，最短只需要 90 天，而耐受盐碱能力超强的红薯，确实有可能活着抵达终点。

马铃薯（俗称土豆）的原产地同样也在南美洲。在公元前 8000～公元前 5000 年这段时间，秘鲁的古印加人驯化了它们。如今的国际马铃薯研究中心（CIP）就坐落于秘鲁的首都利马市。

比起红薯，欧洲人显然更青睐马铃薯。除了耐盐碱这个特性以外，马铃薯几乎具备红薯的其他所有优点。在欧洲的很多地区，马铃薯都超越小麦成为了当地排名第一的主粮。在 19 世纪的爱尔兰，马铃薯更是当地居民几乎唯一的主粮。但谁也没想到，一场灾难也因此而酝酿。

1845 年，爱尔兰的农民如同往年一样，把马铃薯的块茎切开，种植到地里。这些马铃薯看起来也像往年一样，逐渐生根发芽，长出新的块茎。但是，到了收获的季节，爱尔兰的农民们却傻了眼：看起来外表完好无损的马铃薯，内部却早已经腐烂，不能食用了。

始料未及的灾难给了爱尔兰农民致命的一击。收获马铃薯的季节已经是深秋，农民们再想补种其他农作物，也已经来不及了。

除了爱尔兰以外，欧洲大陆上的马铃薯也很快染上了疫病。最初是荷兰和丹麦的马铃薯遭到感染，很快德国和法国的马铃薯也受到了波及。就这样，这场马铃薯瘟疫几乎摧毁了整个欧洲的马铃薯种植业，超过300万人陷入了饥荒。这件事还导致了另外一个后果，大量的爱尔兰人不得不离开家园，举家移民到了大洋对岸的美国，成为当时这个新兴国家重要的人口来源。

这次疫情一直持续了十几年，它在人类历史上专门有一个名称——爱尔兰大饥荒。

导致马铃薯患病的罪魁祸首是一种叫作致病疫霉的真菌。这种真菌会释放游动的孢子，孢子一旦附着到植物表皮就开始萌发。它们长出的菌丝，可以插入植物的细胞内吸取养分。患病初期，马铃薯的植株表面看不出任何的异常，也能正常结出硕大的块茎，但这时马铃薯的块茎已经从内部发生了感染，再也没办法食用了。就是因为这个延迟发病的特征，由这种真菌引起的病害被命名为晚疫病。

2009年，科学家们对这种霉菌进行了基因测序和祖源分析。分析发现，这种致病疫霉的起源地并不在欧洲，而是在墨西哥中部的托卢卡山谷里。这又是一个漂洋过海的故事，只不过故事的主角变成了危害马铃薯的真菌。

科学家研究历史文献后发现，在马铃薯晚疫病爆发的年代，欧洲人热衷于使用鸟粪当肥料。当时的人们在拉丁美洲的森林里找到了厚厚的鸟粪层，于是，欧洲人就专门去拉丁美洲的很多地区挖掘鸟粪，当作肥料运回欧洲，而这些鸟粪藏着致病疫霉菌，这就是晚疫病流行的罪魁祸首。

虽然晚疫病来势汹汹，但也不是没有防范的办法。比如说，致病疫霉菌几乎不能入侵种子，而且只能感染某几个马铃薯品种。但是，遗憾的是，当时爱尔兰种植的马铃薯只有两个品种，而这两个品种很不幸地都对晚疫病欠缺抵抗力[1]。

这次事件也给后来的学者们提了个醒。不管某一个品种的农作物多么有优势，都应该尽量保持这个物种基因的多样性，这样才能避免遭受灭顶之灾。

马铃薯本身也会有另外一种策略来避免自己一直进行无性繁殖，这就是马铃薯的自毒作用。马铃薯的根部，除了产生茎块以外，还会分泌很多的化学物质，这些化学物质会抑制马铃薯自身的生长[2]。换句话说，马铃薯似乎是在强迫自己，不能长期采取无性生殖的方式存活。只有开花结籽，才能让马铃薯的基因库丰富起来。

在了解了这么多红薯和马铃薯的故事后，我们还没有回答标题中的这个问题：红薯和马铃薯，到底谁储存的淀粉更多呢？

根据我国营养协会的营养成分分析，每百克红薯中含有的碳水化合物是 24.7 克，而马铃薯是 17.2 克。所以从碳水化合物的占比来看，确实是红薯更胜一筹。但在糖类摄入普遍过剩的今天，食物中的碳水含量高，其实也不一定就是好事。不过这两种薯类优良的特性，都曾经深刻地影响着我们人类，未来也必将有更重要的价值。

包菜、甘蓝、菜花，总有一款适合你

1959 年 8 月 10 日下午，韩国釜山医院的一间病房中，几位病友围坐在窗前的阳光下，小声地闲谈着。只有一位老人没有参与他们的闲聊。老人背对着窗口躺着，一脸疲惫，但目光却凝固在手中紧紧攥着的一株

---

1 李秦.马铃薯的"慷慨"与"诅咒"[D].郑州：河南大学，2017.

2 万年鑫，袁继超，何卫等.马铃薯不同器官浸提液的自毒作用[J].浙江大学学报（农业与生命科学版），2016，42(4)：411-418.

水稻上。

"你们知道吗？新来的那个老头，他的来头可不小。"说话的是一位蓄着小胡子的病友。他说话的时候故意压低了声音，用眼神和下巴指了指侧躺在病床上的那位老人。

他的话勾起了另外一个病友的好奇心。他凑近了问道："你怎么知道的？"

小胡子来了兴致，他身体前倾，用手遮住半边嘴巴，绘声绘色地讲道："你们都不知道？前几天，医院里来了一个大官，好像是农业部部长，是专门来看他的。临走的时候，还给他发了个挺重要的勋章。结果人家根本没把勋章当回事儿，接过勋章，伸手就塞到枕头底下去了。"

另外一位病友听小胡子讲完，补充说："说起来，他确实有点奇怪，我就没听他说过韩语，好像来看他的人，都是和他说日语，他别是个日本人吧？"

正当大家想要继续议论的时候，护士推着小车走了进来，又到吃药打针的时间了。

凌晨，医生和护士突然冲进病房围住了老人，原来是老人的病情恶化了。很快，老人的家人们也都赶来了。弥留之际的老人翕动着嘴唇，似乎想要说些什么。老人的妻子俯下身体，把脸贴近老人的嘴边。老人叹了一口气，然后缓缓地说道：

"真遗憾啊，我还没看到结果，就要先走了。"

当他说完这句话后，他放在胸口的右手就慢慢地垂了下去，但手里还紧紧地攥着那株水稻。在亲人的哭泣声中，护士用白色的床单盖住了老人的脸，把老人的尸体从病房中推了出去……

这位手里攥着水稻去世的老人，名叫禹长春。他在韩国的名望差不多相当于袁隆平院士在我国的名望，被韩国人称为"现代农业之父"。他几乎以一己之力，在"二战"后帮助韩国摆脱了对进口种子的依赖，建立了自己的现代农业体系。

禹长春的人生经历相当传奇。他的父亲禹范善本来是朝鲜国王的一位武官，因为牵扯进宫廷政治事件，不得不逃亡到了日本。到了日本之后，禹范善娶了一个日本女人为妻，生下了禹长春。但是，在禹长春3岁的时候，朝鲜的敌对势力暗杀了禹范善，禹长春由母亲抚养长大。

禹长春在日本出生，也在日本长大。但是，他的母亲却经常教育他说："你要永远记住，你是朝鲜人，你的父亲是伟大的朝鲜革命家，你要时刻准备好回到你的祖国。"

在母亲的鼓舞下，禹长春努力学习，考取了东京帝国大学的农业系。1935年，禹长春提出了十字花科芸薹属植物演化的"禹氏三角"理论。凭借这篇论文，禹长春毫无悬念地拿下了东京帝国大学农学博士的学位，也从此奠定了他在芸薹属植物研究中的学术地位。

1948年，禹长春回到了刚刚建国的韩国，担任韩国农业研究所的所长，而他最重要的工作，就是研究十字花科芸薹属的代表植物——白菜。

白菜对于朝鲜人民来说有多重要，不用我多说，你一定也知道。在过去很长一段时间里，白菜都是我国北方地区冬季能吃到的唯一一种有叶子的蔬菜。东北地区的酸菜和极具朝鲜民族特色的辣白菜，都是以白菜为原料加工而成的。

每个人都对白菜相当熟悉，但是要提到白菜的花，我估计你可能就没见过了。白菜通常在春季的3～4月开花。开花之前，一根巨大的花序会从白菜的叶心里长出来。每一个花序上，都开着很多四个花瓣的小黄花。白菜花的四个花瓣会组成一个"十字架"的形态，这也正是白菜所在的十字花科名称的由来。

盛开的白菜花

与白菜花相比，人们更为熟悉的是油菜花。三月正好是油菜花盛开的季节，江西婺源、陕西汉中、云南罗平、浙江瑞安都因为油菜花田而成为了知名的旅游胜地。其实，油菜花和白菜花的形态非常相似，如果只看花朵，即便是植物分类学家也难以区分。

其实，这件事一点也不奇怪，因为白菜与油菜虽然形态上差别不小，但这两种植物本质上是同一个物种。油菜又叫油白菜，它只是白菜的一个亚种而已。不仅是白菜和油菜，十字花科芸薹属的蔬菜，比如包菜、甘蓝、菜花、苤蓝、芥蓝、西蓝花、菜心、雪里蕻、榨菜，这些在市场上最常见的蔬菜，都有着超级近的亲缘关系。不严谨地讲，把上面我提到的这一大堆蔬菜都近似地看作是同一个物种，也毫无问题。

不知道此时的你是怎样的心情。反正当我第一次知道这个知识的时候，还是非常震惊的。因为这些蔬菜不仅样子大不相同，就连可被我们利用的部分也是不一样的。比如，白菜、包菜、芥菜，我们吃的是它们的叶子；苤蓝和榨菜，我们吃的是它们膨大的肉质茎；菜花和西蓝花，我们食用的其实是它们尚未开放的花序；而漫山遍野开花的油菜，我们利用的是它们可以榨油的种子。它们怎么看都不像是同一个物种，但这确确实实是真的。

油菜花田

理解芸薹属植物最大的困难，在于它们身上非常容易发生基因增倍事件。在之前的章节，我也多次提到过基因增倍事件，本章我要尝试给你说得更详细一点。

我们平常说的 DNA，就是一条脱氧核糖核酸的分子链。由于分子的尺度太小，我们平常在光学显微镜下是看不到 DNA 的。但是，当细胞准备分裂的时候，DNA 分子链就会紧密地缠绕在一种叫作组蛋白的蛋白质周围，就好像丝线缠在了线轴上一样。这时候，在光学显微镜下，就能看到它们了。这种缠绕状态能够被观察到的 DNA 分子，就叫作染色体。

在细胞分裂的过程中，成对的染色体会被拆开，分散到即将形成的两个新的细胞中去。如果由于某种原因，导致细胞分裂的过程没有顺利完成，被复制的染色体就存留到了同一个细胞里，这就是染色体增倍事件。

除了染色体增倍，DNA 分子链还有可能直接发生基因增倍事件。比如，新复制出来的 DNA 分子链，如果接在了原有的 DNA 后面，就出现了染色体数没有增加，但所有基因都被复制了一遍的效果。

疯狂的植物

如果把 DNA 分子看成是一个蛋白质生产线的话，那么基因增倍事件导致的最简单结果，就是让所有蛋白质的产量增加一倍。

你可以简单想象一下，如果人体内的肾上腺素、多巴胺等重要激素的分泌量都增加一倍，会发生什么？这肯定会让人吃不消。它不仅会让动物的生理功能发生紊乱，还会在繁殖下一代的过程中造成明显的生殖障碍。所以说，基因增倍事件对于动物来说，几乎就是死亡的代名词。这也是多倍体物种在动物中罕见的原因。

但对于植物而言，情况就完全不同了。植物不像动物有那么明确的器官和组织分工，它们细胞之间的协作也不如动物密切。如果一个苹果的含糖量多了一倍，对苹果树的生存根本构不成任何影响。事实上，植物根本就不在乎这些。在选育的过程中，让某种植物体内的某种物质含量提高个几百倍是常有的事情。

曾经有科学家推测，全世界的被子植物中至少有 30% 经历过基因增倍事件。但是，2011 年的一项研究让科学家们意识到，以前的估计还是太保守了。

2011 年，我国青年生物学家焦远年在宾夕法尼亚大学留学期间，就发现了被子植物祖先的一次多倍体化事件[1]。他发现，在 1 260 万个基因表达序列中，有两组非常古老的基因是重复的。其中一组基因存在于现存的所有种子植物的体内，而另一组基因则存在于所有被子植物的共同祖先的体内。这说明，在所有被子植物的共同祖先身上，曾经发生过一次基因增倍事件。根据分子生物学的测定，这次基因增倍事件发生在 3.19 亿年前～1.92 亿年前的这段时间里。

1　Jiao, Y., Wickett, N. J., Ayyampalayam, S., Chanderbali, A. S., Landherr, L., Ralph, P. E., Tomsho, L. P., Hu, Y., Liang, H., Soltis, P. S., Soltis, D. E., Clifton, S. W., Schlarbaum, S. E., Schuster, S. C., Ma, H., Leebens-Mack, J., & dePamphilis, C. W. (2011). Ancestral polyploidy in seed plants and angiosperms. *Nature*, 473(7345), 97–100.

这项研究意味着，现存所有的被子植物都 100% 曾经经历过基因增倍事件。基因增倍事件不仅不会影响到植物的生存，还有可能给植物带来巨大的好处。焦远年博士的研究表明，发生在被子植物祖先身上的基因增倍事件，恰好导致了植物调控开花的基因的多样化。可以说，生活在远古时代的被子植物的祖先们，就是凭借着这次基因增倍事件带来的创新，完成了对蕨类植物和裸子植物的逆袭，最终成就了被子植物今天的全球霸业[1]。

多倍化是植物演化出新物种的重要途径，这已经是获得学界普遍认可的观点。基因多倍化，意味着相同功能的基因在植物细胞内至少存有两份。对于 DNA 随机变异的机制而言，更多的备份，就意味着更多的可能。每一个基因，都会在产生种子的过程中重新排列组合，甚至再次加倍，这就为植物产生新的物种提供了更多可能[2]。

对于人类来说，研究植物基因增倍事件的时间并不长。可以说，如果没有越来越成熟的基因测序技术，我们几乎没办法对这类问题做出有效的研究。但是，人类利用植物基因增倍事件来驯化野生植物的历史却非常悠久。白菜，就是人类对于芸薹属植物驯化之后的产物。

1936 年，德国的植物学家舒尔茨（O.E. Schulz）对十字花科的植物进行了一次非常仔细的重新分类。他根据十字花科的果实、种子还有植株上是否有毛等形态特征，把十字花科划分成了 19 个族。族这个概念，比科要小，比属要大，这相当于是对不同的属的归类。后来，随着分子基因学的进步，这 19 个族几乎全都被重新定义了，这说明通过外表特征来研究十字花科，准确度非常低。

但是，即便在这种情况下，有一个属的归类也几乎是完全正确的，这就

1　Soltis, D., & Soltis, P. (1999). Polyploidy: Recurrent formation and genome evolution - PubMed. *Trends in Ecology & Evolution*, 14(9).

2　杨继 . 植物多倍体基因组的形成与进化 [J]. 植物分类学报 ,2001,39(4):357-371.

是芸薹属。舒尔茨经过仔细观察发现，虽然芸薹属内的植物形态千差万别，但它们都保留着稳定的共同特征，这与十字花科的其他植物差别特别大[1]。

为什么会出现这种情况呢？比较可能的假设是，芸薹属植物的祖先从十字花科中分化出来后，独立生存了比较久的时间才发生了分化，而现在遍布世界各地的数百个品种，其实都是在最近几千年内才被人类驯化出来的。

打一个不太恰当的比方，可以用狗来给芸薹属的植物做个类比。由于长期的驯化，狗的形态和性格已经变得千差万别。最大的狗和最小的狗，体重可以相差几百倍，但它们仍然可以归属于同一个物种。

芸薹属的代表物种芸薹，就是这个属最基本的原生种。我们常见的大白菜、小白菜，这些都是芸薹的亚种。卷心菜，有的地方叫作包菜，是甘蓝的变种，而所谓的"娃娃菜"，只能算是白菜的一个园艺种，在植物分类学上，根本就没有娃娃菜的一席之地[2]。再加上各种各样的杂交品种，芸薹属植物之间的关系，就显得更加混乱不堪了。

各种各样的芸薹属植物

1　O. E. Schulz. (1932). Cruciferae variae. *Notizblatt Des Königl. Botanischen Gartens Und Museums Zu Berlin*, 11(105), 389-392.

2　张爱芹等编. 植物学 [M]. 成都：西南交通大学出版社，2006.

白菜的知识差不多讲完了，让我们回到本章开头的故事上来。禹长春回到韩国之后，面对的就是这么一个烂摊子。当时的韩国，在农业上高度依赖日本，连韩国最重要的大白菜，都要从日本进口种子才能种得出来。想要让韩国的大白菜不再被日本卡脖子，就必须搞清楚芸薹属植物之间复杂的关系。

通过系统的整理和分类，禹长春根据芸薹属植物的染色体数目，把它们大致分成了 6 种，分别是 8、9、10、17、18、19 对染色体。这个分类完成后，禹长春意外地从这组数字当中发现了一个有趣的规律，那就是 8+9=17，8+10=18，而 9+10 正好等于 19。

这是纯粹的巧合吗？禹长春觉得不是。他大胆地假设：会不会芸薹属的野生先祖，在自然演化的过程中，首先形成了染色体数量较少的三类，也就是 8、9、10 对染色体的植物。随后，这三个野生先祖之间又发生了杂交，由于它们的染色体数量不同，就发生了染色体多倍化事件。

想到这里，禹长春在纸上画出了一个三角形，三角形的三个顶点，就分别代表 8、9、10 对染色体的芸薹属植物，而三角形的三条边，则分别代表顶点植物两两杂交，并发生染色体增倍事件后产生的新物种。

顺着这个理论，禹长春首先找到了三个点对应的芸薹属植物，分别是含有 8 对染色体的黑芥（Brassica nigra）、含有 9 对染色体的甘蓝（Brassica oleracea）和含有 10 对染色体的芸薹（Brassica rapa）。随后三条边分别对应的是含 17 对染色体的非洲油菜（Brassica carinata）、含 18 对染色体的芥菜（Brassica juncea）和含 19 对染色体的欧洲油菜（Brassica napus）。

禹长春用一个简单明了的三角形，就把芸薹属最基本植物的关系梳理清楚了。后来的分子生物学，证明了禹长春当时的理论是正确的，因为他抓到了最关键的问题——十字花科容易多倍化以及它们与染色体数量的关系。这个三角形就是后来大名鼎鼎的"禹氏三角"[1]，它直观地解释了芸薹属植物的演化和形成过程。

搞清楚了这个问题，其实也就搞清楚了芸薹属相对应的三个类型：芸薹型、甘蓝型和芥菜型。

我们熟悉的白菜就是芸薹的一个亚种。我国很早就驯化了芸薹，形成了白菜。现在我们熟悉的白菜，是一种叶片层层包裹的结构，又叫作"结球白菜"或者"卷心白菜"。由于形成了团状结构，白菜内部的叶片就可以更抗冻，更耐储存；由于白菜的嫩叶见不到阳光，就限制了叶片上维管束的发育，让人吃起来口感更好；白菜紧紧包裹的叶片可以让内部更加干净，易于清洗，也不容易被病虫害所侵蚀[2]。

不过，白菜可不是天生就长成这样的。今天的这种白菜在距今三百多年前的清朝才突然出现，随后慢慢开始流行了起来[3]。

除了白菜以外，武汉特产洪山菜薹、广东菜心，还有青藏高原上广泛种植的长得像萝卜一样的芜菁也都是芸薹的亚种[4]。

说了那么多变种，芸薹自己反而显得默默无闻了。比起白菜或者菜心，芸薹的口味比较寡淡，所以现在只当作油料作物种植，很少会专门拿来食用，名气自然也就比不上自己的亚种了。

芸薹属植物的第二个类型是甘蓝型植物，它们的普遍特征是蓝绿色的叶片和淡淡的芥子油气味。野甘蓝最初起源于地中海地区，随后被端上欧

1　方璐.十字花科植物基因组共线性关系的研究及应用[D].北京：中国农业科学院，2012.

2　侯喜林，李英，黄菲艺.不结球白菜(Brassica campestris ssp. chinensis)主要性状及育种技术的分子生物学研究新进展[J].园艺学报，2020, (09)：1663−1677.

3　龚珍，王思明.从图画资料看中国结球大白菜的性状演化[J].中国农史，2020, (03)：24−30+42.

4　聂启军，李金泉，董斌峰等.紫菜薹名优品种——洪山菜薹[J].湖北农业科学，2020, (22)：133−135.

洲人的餐桌。对于欧洲人来说，甘蓝型植物的地位与我国的大白菜相当[1]。

根据分子生物学的特征，可以把甘蓝分成七个类型。这些类型最主要的区别，一是颜色，二是会否像大白菜一样把叶子包成一个球形。咱们最熟悉的包菜，就是甘蓝中一个结球的亚种。

除了包菜，甘蓝型植物中最有名气的蔬菜应该就是菜花和西蓝花了。虽然它们的颜色不同，但其实都是甘蓝某个亚种下的不同变种而已。西蓝花和菜花都是一个没有开放的花序，只要你把菜花或者西蓝花放的时间足够长，你就能看到它们也会开出十字花科最具标志性的小黄花了。

除了这两种常见的菜花以外，还有一种在欧洲名气特别大的菜花，它的名字叫作罗马花椰菜，在中国名叫宝塔菜或者佛头菜。这种菜花被人们称为爱上数学的植物，因为它的花序上有一个完美的斐波那契数列的分形图案，它的美感常常让人舍不得吃它。

罗马花椰菜

1　Garden, B. K. U. (Botanical, Herbarium, Czech Republic) Vojtech Holubec (Crop Research Institute, Hungary) Gabor Vörösváry (Institute for Agrobotany, Perugia, I. D. D. (Università degli S. di, Breeding, P. Z. B. (Plant, Acclimatization Institute, & Romania) Silvia Strajeru (Genebank of Suceava. The IUCN red list of threatened species. *IUCN Red List of Threatened Species*.

另外一种著名的甘蓝型植物就是芥蓝。芥蓝的样子有点像广东菜心，但它的味道更浓烈，也是整个芸薹属中唯一开白花的种类。芥蓝是甘蓝传入我国之后在本土形成的一个非常有特色的变种。

芸薹属的第三个类别就是芥菜型植物。这类植物的原始祖先是黑芥。比起前两种，芥菜型作物的气味要更加突出，主要是因为这一类植物体内含有很多含硫的化合物。日本料理中必不可少的芥末，最早指的就是芥菜型作物中的油芥菜。不过，现在日本料理中的芥末，已经被十字花科另外两种植物山葵（Eutrema japonica）和辣根（Armoracia rusticana）代替了。

由于有刺激性的气味，所以芥菜型作物中直接用来食用的品种并不多，更多的是用来腌制咸菜。北方常见的雪里蕻和芥菜疙瘩，就是北方常见的咸菜，而生长在四川盆地涪陵地区的茎瘤芥的块茎，则是我国最著名的咸菜——榨菜的原材料。

经过禹氏三角理论的梳理，芸薹属植物的演化图景清晰地摆在了禹长春的面前。他凭着自己的努力，从全国各地搜集芸薹属植物种子，并不断尝试杂交。在他的不懈努力下，韩国终于实现了"白菜自由"。也是从这个时候开始，韩国的老百姓才有机会大量地腌制泡菜，美味的辣白菜才得以飞入寻常百姓家。与此同时，禹长春也为韩国的农业培养了大量的人才。

1959 年，禹长春在病榻上接受了韩国农业部部长为他颁发的韩国文化勋章。他经常说种子就是一个小小的宇宙。也就在他获得勋章后不久，他离开了自己深爱的种子，前往了另外一个宇宙[1]。

1　［日］金文学. 一百年前的中日韩（重新发现近代）[M]. 北京：现代出版社，2016.

柑橘家族，纠缠不清的水果情史

1747 年 5 月 20 日星期三 [1]，这是英国皇家海军的三桅大帆船索尔兹伯里号 [2] 出海巡逻的第八周。海面上几乎没有风，索尔兹伯里号收起了帆，静静地停泊在海面上。

军医詹姆斯·林德（James Lind）[3] 坐在最高的桅杆下面，他的手里拿着一份名单，名单上写着 40 个船员的名字。40 名船员患病，这已经占了船员总数的十分之一，而距离起航仅仅过去了 2 个月的时间。坏血病来得太快了。

昨天，林德去船舱里看望了几名生病的船员。所有生病的船员都有着类似的症状：牙龈腐烂出血、四肢乏力、精神萎靡。他们的皮肤上还会莫名其妙地出现青紫色的斑块，像是遭受殴打之后出现的皮下出血。有一名船员已经病得很重了，他腹泻、呼吸困难，伴随着每一次呼吸都能闻到刺鼻的口臭。

名单上每一个船员的名字后面都写着日期，这是船员首次被发现患病的时间，再后面是船员的年龄。林德把名单上的名字一个挨一个地又看了一遍，然后用笔在其中 12 个名字后面做了记号。

林德把做好记号的名单递给助手说："去把这 12 名船员找来，找一间大一点的舱室，他们需要全部住在一起。"

助手点点头，把名单卷起来收好。

林德又嘱咐道："你来把他们分成 6 组，每组 2 个人。每天下午，给第

---

1 Sutton, G. (2003). Putrid gums and "dead men's cloaths": James Lind aboard the Salisbury. *Journal of the Royal Society of Medicine*, 96(12), 605–608.

2 Sutton G (2004). James Lind aboard Salisbury. JLL Bulletin: Commentaries on the history of treatment evaluation.

3 The Editors of Encyclopaedia Britannica. James Lind (British physician). *Encyclopedia Britannica*.

一组的船员来一小杯苹果酒，第二组船员喝硫酸药酒，第三组船员喝醋，第四组船员喝海水，第五组船员喝柠檬汁，第六组船员喝大麦水。记住，除了我刚刚说的这些，所有船员的基本饮食必须是一样的。"

苹果酒、硫酸药酒、醋、海水、柠檬汁、大麦水这些东西，都是传说中可以治疗坏血病的食物。但在当时，没有人确切地知道哪种食物真正有效。林德医生把患者分为6组的目的其实很简单，他想要排除干扰因素，用最少的实验次数，把能治疗坏血病的食物找出来。

但是，林德医生肯定想不到，就是这个简单的分组实验，竟然成为医学史上记载的最早的受控临床试验。这个实验给后来的医生和学者打开了一扇通往现代医学的大门。

柠檬中含有大量的维生素C，可以预防和治疗坏血病，这对于现代人来说，已经是常识了。但是在尚未发现维生素的时代，战舰上死于坏血病的船员可比在战斗中死去的要多得多。

在普通人的印象中，水果越酸，它的维生素C含量就越高。其实这是一个误解。柠檬的味道确实非常酸，但它的维生素C含量并不是最高的。口味更甜的橙子和柚子，它们的维生素C含量都比柠檬更高。

在现代超市琳琅满目的水果货架上，有这样一大类水果，它们从外形到味道各有不同，但是只要看它们一眼，就立即能知道它们是同一类水果，这就是柑橘类水果。

橘子、柠檬、柚子、橙子、金橘、葡萄柚、蜜柑……它们都是柑橘类水果。不管它们的外观差异有多大，只要把它们从中间横着切成两半，就立即能找到相同的规律。

柑橘类水果的切开面非常相似

柑橘类水果的果实有一个专有名词，就叫作柑果。在植物界，只有芸香科柑橘属植物的果实有这样的特征。柑果这个果实分类，也就成了柑橘属的专有名词，这样的待遇，在植物分类学里是相当罕见的。

柑橘的历史并不算久远。大约在 800 万年前的中新世晚期，在今天的喜马拉雅地区，也就是从我国云南的西南部一直到印度的阿萨姆地区这片地方，柑橘开始与其他芸香科的植物分化，形成了独立的新物种。

柑橘之所以能够从芸香科的植物中分化出来，与喜马拉雅山脉的气候变化是分不开的。不知道你记不记得，在黎巴嫩雪松的那一章我曾经讲过，喜马拉雅山脉在这个时期，由于来自海洋的季风的减少，气候环境逐渐从温暖湿润变得干燥寒冷。如果你仔细观察柑橘，就能发现它们粗硬的叶片表面覆盖着一层厚厚的蜡质，它们的果实表面，也覆盖着一层蜡质。这些特征都是柑橘为了适应干燥环境做出的准备[1]。

1　Wu, G. A., Terol, J., Ibanez, V., López-García, A., Pérez-Román, E., Borredá, C., Domingo, C., Tadeo, F. R., Carbonell-Caballero, J., Alonso, R., Curk, F., Du, D., Ollitrault, P., Roose, M. L., Dopazo, J., Gmitter, F. G., Rokhsar, D. S., & Talon, M. (2018). Genomics of the origin and evolution of Citrus. *Nature*, 554(7692), 311–316.

在植物界，这种由于气候突变带来的物种分化的案例，可谓比比皆是，但是柑橘面临的情况有点不太一样。因为柑橘最初诞生的地方，是一些海拔高、气温低的高山环境。这样的自然环境，非常不利于一个植物种群的扩散。因为当它们开始扩散的时候，周围的气候环境也随着海拔高度的降低而迅速变化。一旦环境不利于植物生存，种群就无法进一步扩大。

如果用创业者来打比方，那就是，越是在自己的领域里出类拔萃的企业，就越是难以跨界转行到其他领域。非常典型的商业案例就是诺基亚，诺基亚公司没能做好智能手机，恰恰是因为它在功能手机领域做得实在太好了。这个现象常常被称为成功者的诅咒。

很多生长在高山上的植物，都遭遇过成功者的诅咒。它们抢占了高山上的生态位后，就变得不再适应温暖潮湿的环境了。这些高山植物虽然获得了一些生存优势，但也会因为这些特质而被彻底困在高山上。有一些植物品种，终生都没能离开高山。如果气候条件再次变迁，这些植物就有可能灭绝。

但是我们知道，柑橘并没有被困死在喜马拉雅山上。之后的几百万年中，柑橘不仅成功地完成了突围，还传遍了整个亚欧大陆。不然，现在的超市里也就不会有这么丰富的柑橘类水果了。

柑橘的祖先从喜马拉雅山下来之后，兵分三路，向亚欧大陆进行了传播。向西的一路逐渐演化成了香橼（*Citrus medica*）；向东的一路，演化出了小花橙（*Citrus micrantha*）和金柑（*Fortunella japonica*），后来的宽皮橘（*Citrus reticulata*）也是挺进东线的柑橘的后代；向南的一路，最终演化成了我们非常熟悉的柚子（*Citrus maxima*）。

我已经多次提过，丰富的基因多样性是生物适应复杂环境的终极武器。柑橘能够传遍整个亚欧大陆，与它的基因多样性是分不开的。

这个世界上差不多有一半的植物，都有着异花授粉的特征。异花授粉给植物带来的最大好处，就是通过不同植株之间的基因交换，获得更丰富的基因多样性。

有部著名的国产动画片《葫芦兄弟》，里面有 7 个葫芦娃。他们有的力大无穷，有的刀枪不入，有的有千里眼和顺风耳。我们可以把每一种本领都看作一种优势基因。但是，光有一种优势基因其实是不够的。在比较复杂的环境中，优势基因很有可能派不上用场。比如说，耐旱的基因在潮湿环境里，或者耐寒的基因在温暖的环境里，都会变得毫无用处。

在《葫芦兄弟》的续集中，妖精们就是利用了每一个葫芦娃的缺点，设计把他们一个一个全都抓住了。幸运的是，妖精们并没有把葫芦娃杀死，而是把 7 个葫芦娃放进了炼丹炉，想要把他们炼成金丹。结果，炼丹炉把 7 个葫芦娃炼成了一体，变成了金刚葫芦娃。这个金刚葫芦娃一个人就具备 7 个葫芦娃的所有本领，一下子就把妖精打败了。

动画片里 7 个葫芦娃合体的过程，就非常像生物之间的基因交换。基因交换就是把通过基因突变获得的新基因，以交换的方式融合在一起。一个物种的基因越丰富，就越容易应对环境中的突发事件，不会在环境变迁的时候遭遇灭种的危机。

为了实现异花授粉，不同种类的植物有着各式各样的策略。有的会让雄蕊长得比雌蕊长很多，有的则是雌蕊比雄蕊长得长。柑橘的策略是，在开花时让它们的雌蕊比雄蕊先长出来，雄蕊上的花粉也会成熟得比较晚。这样，当雄蕊上的花粉开始逐渐成熟的时候，它的雌蕊多半已经完成了授粉。

但是，仅仅通过花朵的形态变化来实现异花授粉，这种方式并不保险。毕竟，雄蕊和雌蕊都长在同一朵花中，当蜜蜂在花朵里钻来钻去的时候，就很难避免让雄蕊上的花粉粘在雌蕊上面。于是，一些植物就进一步演化出了一种更加高级的特征。这些植物的雌蕊可以精确地识别出掉在自己身上的花粉到底是谁家的。如果发现这些花粉来自同一朵花，或者是同一株植物的不同的花，就会立即产生免疫反应，拒绝完成后面受精的过程。这种特征在植物学里有一个专有名词，叫作"自交不亲和性"[1][2]。

沾满花粉的蜜蜂

达尔文在第一次了解到植物存在"自交不亲和性"的时候就特别感慨。他在日记中评价说："这简直就是最令人吃惊的生物学现象之一。"达尔文的感叹不无道理，在他所处的时代，人类不仅不知道近亲结婚的危害，甚至连辨识自己直系亲属的能力都没有。达尔文自己就是一个近亲结婚的受害者，他和表妹艾玛结婚后，生了 10 个孩子，其中有 3 个孩子不幸夭折，还有 3 个孩子患有严重的遗传疾病。

说回植物的自交不亲和性。既然人类都没有办法在不动用基因检测技

1　黄欣.异花授粉对'琯溪蜜柚'汁胞内源激素和相关代谢途径基因表达的影响[D].福州：福建农林大学，2017.

2　发育生物学研究中心薛勇彪研究组.(2017-4-27).神秘的自交不亲和性——植物如何防止"近亲婚配".中国科学院遗传与发育生物学研究所网站；"遗传发育"电子期刊.

术的前提下完成靠谱的亲子鉴定，那么植物又是如何鉴定花粉的亲缘关系的呢？像人类一样把整个基因组全面检查一遍，当然是不可能做到的。植物有它们自己的巧妙办法。

控制植物自交不亲和性的基因叫作 S 位点。这个 S 位点能够编码两种不同的蛋白质。这两种蛋白质，就好像是钥匙和锁头。类似锁头的蛋白质，会在雌蕊中表达出来，而类似于钥匙的蛋白质，则会在花粉中表达。当一粒种子形成的时候，这个 S 位点基因一定会发生一定程度的重组。这就意味着这枚种子在长大以后，就可以生成自己独一无二的钥匙和锁头。

当一粒花粉落在雌蕊柱头上的时候，代表钥匙和锁头的两种蛋白质就会互相作用。不过，与现实中的钥匙和锁头不同的是，两种蛋白质一旦匹配成功，花粉管的萌发就会被阻断，受精就不会发生。这就是自交不亲和现象的生物学原理。

柑橘也是比较严格的自交不亲和植物。如果没有其他植株的柑橘帮它授粉，柑橘所结出的果实就会出现裂果或者果实"汁胞粒化"的现象。所谓的汁胞粒化，最直观的感受就是橘子的果肉变得木质化，吃起来口感很差。我相信你肯定吃到过这类缺少汁水、果肉很硬，而且很多渣滓的橘子。没有成功授粉的橘子，不仅仅果实不好吃，而且果实里的种子往往是不育的。即便你种下这些种子，它们也没办法长成一棵橘子树[1]。

说到这里，你可能会有点奇怪："自交不亲和性"真的有意义吗？为什么非要让自花授粉得到的种子停止发育呢？就算是没有进行基因交换，好歹也算是自己亲生的后代啊！从物种繁衍的角度来看，难道不应该是多多益善吗？

还真不是这样。如果柑橘允许自花授粉的种子成功发育，那么自花授

1　吴嘉玲，潘东明. 柚果实生长发育过程中汁胞粒化研究进展 [J]. 福建林业科技，2014,(04)：247-250.

粉获得的种子，就会比异花授粉要多得多，毕竟近水楼台先得月嘛，同一朵花里的雄蕊和雌蕊，总是有着更多的授粉机会。这样的话，就会有越来越多与母本基因相同的小树苗长出来。很快，周围基因相同的树木就会越来越多，最终就会严重地阻碍基因的变异和交流。

所以，倾向于异花授粉的植物，它们对于异花授粉的控制机制，会随着演化越来越严格，而倾向于自花授粉的植物，也会沿着自花授粉的路线走下去，一条道跑到黑。

异花授粉和严格的自交不亲和性，在柑橘走出喜马拉雅山并且传遍亚欧大陆的过程中起了相当重要的作用。它们坚持严格的异花授粉，一边发生着随机的变异，一边互相杂交交换着基因，从而积累了一个多样性水平极高的基因库。

野生的柑橘属植物越是积极地相互杂交、交换基因，生殖隔离就越不会发生。人类在园艺实践中发现，几乎所有的柑橘属植物，都保留着高水平的基因多样性。它们之间可以随意杂交，并且都能产生出可育的后代。

柑橘的情况与我们人类相当类似。人类遍布全球，虽然各个地区的人类，在长相、身高和肤色上都产生了不少差异，但却没有分化成多个物种。出现这种情况的一个原因是人类的演化历史还很短，这么短的时间不足以造成物种水平的分化，但另外一个重要原因就是人类一直在通过跨民族的通婚行为，保持着高水平的基因交流。所以，即便再过几百万年（如果那个时候人类还存在的话），人类也必定还会是一个物种，不会发生分化。这里面的生物学原因，正是基因交换。

不过，柑橘仍然具备一些独特之处。比如，一路向西到达欧洲的香橼、一路向东到达江浙地区的宽皮橘，还有一路向南到达南亚地区的柚子，这三个柑橘属的元老品种互相之间已经独立演化了数百万年。按照常识推断，这三个品种必然已经形成了生殖隔离，不可能再发生杂交了。但事实上，这三个品种仍然可以相互杂交，而且它们之间杂交产生的新品种，仍然可以继续互相杂交。

关于香橼、宽皮橘和柚子这三种植物是如何杂交的，不是本章要讨论的重点，我就随便给你举几个例子，你体会一下柑橘混乱的家族关系就行了。宽皮橘和柚子杂交产生了橙子，橙子与宽皮橘杂交产生了柑，橙子与香橼杂交产生了柠檬，橙子与柚子杂交产生了葡萄柚[1]……

如果买一箱苹果，你会发现所有的苹果吃起来口味都是相似的。但是，如果你买一箱橘子，你就会发现，每一个橘子的味道都会略有不同，有时候还会差异很大。无论我们如何精心培育，也没办法彻底去掉橘子个体之间的口感差异，这正是柑橘基因多样性的宏观体现。

当然，单单凭借着很多植物都具备的异花授粉和自交不亲和，柑橘也未必就能顺利地走出喜马拉雅山，传遍整个亚欧大陆。提到柑橘的传播，就必然不能绕过柑橘的一项重要创新——柑果。

你可以回忆一下我们讲过的所有的果实和种子，不知道你是否能体会到柑橘的不同。如果你剥开一个橘子，你首先要接触到它们长满腺体的外表皮，只要用力一捏橘子皮，储藏在腺体中的芳香油就会立即喷出来。这些芳香油是黄酮和萜烯类物质的混合物。剥开表皮之后，你会看到一些白色的东西，这就是橘络。

在橘络里面，我们能看见一些与众不同的果肉。它们是被一瓣一瓣的果皮膜包裹着的纤维形状的果肉，这是在其他果实中从来没有见过的形态。一般的果肉都是子房壁或者心皮膨大形成的，比如桃子和柿子等。但是，柑橘纤维形状的果肉是子房壁上的绒毛发育而成的。原本应该形成果实的

1　Luro, F., Curk, F., Froelicher, Y., & Ollitrault, P. (2017). Recent insights on Citrus diversity and phylogeny. In *AGRUMED: Archaeology and history of citrus fruit in the Mediterranean*. Publications du Centre Jean Bérard.

剥开的橘子

子房壁，则变成隔离柑橘果肉的果皮膜，而那些最重要的用来繁衍的种子，则深深地藏在柑橘的果肉中间。

柑橘的果肉里含有大量的果糖。你可能会认为，柑橘这类酸味浓郁的果实里应该不会有太多的糖分。但我要告诉你，这个认识是错的。平均每100克柠檬可以提供120千焦的热量，而以含糖量高著称的西瓜，每100克的平均热量是127千焦[1]，和柠檬差不多。

我们之所以误以为柠檬的含糖量不高，只是因为柠檬很酸。其实，酸味物质和甜味物质，在味蕾上存在着竞争关系。如果水果中含有太多的酸性物质，无论它们含有多少糖，吃起来都不会很甜[2]。

除了柠檬，绝大多数柑橘类水果在成熟之前都是相当酸的。即便是公认甜度很高的甜橙，在没有成熟的时候也会含有高达 10% 的柠檬酸[3]，它的

1　*FoodData central: WATERMELON, RAW (SR LEGACY, 167765)* . (2019, April 1). USDA Agricultural Research Service.

2　*FoodData central: Lemon, raw.* (2020, October 30). USDA Agricultural Research Service.

3　Penniston, K. L., Nakada, S. Y., Holmes, R. P., & Assimos, D. G. (2008). Quantitative assessment of citric acid in lemon juice, lime juice, and commercially-available fruit juice products. *Journal of Endourology*, 22(3), 567−570.

pH 值大约是 2，这是植物能产生的酸性最强的物质。这些柠檬酸的作用，其实是为了警告那些馋嘴的动物们，在柑橘成熟之前永远不要妄想着吃掉它们。当柑橘的果实逐渐成熟，柠檬酸的含量也会逐渐降低。在这一点上，柠檬是一个奇怪的特例，它即便成熟也依然含有高达 8% 的柠檬酸。柠檬必须感谢人类，如果没有人类，没有任何一种动物愿意吃掉它们，并为它们传播种子。

结构复杂的柑橘，就像是一个精心设计的种子传播系统。借助柑橘外表皮里的芳香油，柑橘能够驱赶害虫并灭杀真菌。柑橘表面的蜡质层还能很好地锁住水分，避免果实失水过快。如果你把一颗橘子放在常温下自然风干，它们表皮中的水分会慢慢蒸发，剩下难以挥发的芳香油继续保护着果肉。即便橘子皮已经变得又干又硬，里面的果肉也依然会是新鲜的。柑橘类果实中，保鲜能力最强的是柚子。柚子皮里面还有一层厚厚的海绵组织，这能让它在长达半年的时间中为果肉保鲜。

果实的保鲜能力在某些时候相当重要，这可以让柑橘的果实主动等待哺乳动物的到来，然后把它们的种子通过粪便传播出去。在一些恶劣的环境里，确保种子包裹在富含营养的动物粪便中，是一个非常重要的生存优势。

柑橘在遇到人类之前已经历尽千辛万苦，这让它们成为了一种相当容易栽培的果树。柑橘体内的维生素 C 是一种抗氧化剂，它能帮助柑橘抵抗干旱和紫外线的伤害。我之所以没有在本章中重点讨论维生素 C 的意义，是因为很多植物的维生素 C 含量都是高于柑橘的，比如我们熟悉的大白菜，它的维生素 C 含量就比柠檬高出了 50%。

柑橘之所以能成为航海时代坏血病的终结者，更重要的原因是它们价廉物美，容易储存，可以在漫长的航海途中长期供应。说到底，还是果实的保鲜能力让它们在供应维生素 C 的食物中脱颖而出。

写到这里，柑橘的故事就讲得差不多了。作为一名中国人，你多半听过"橘生淮南则为橘，生于淮北则为枳"。这句话的意思是，不同的环境能够塑造出完全不同的物种。从演化的角度来看，这句话充满了智慧。但遗憾的是，这句话里提及的"枳"和"橘"其实是两个不同的柑橘属植物。不管种在哪里，枳都不会变成橘，橘也不会变成枳。这只是古人对于柑橘类植物的错误认知罢了。

一个好消息是：市场上新口味的柑橘还会层出不穷，而培育柑橘新品种将会是一份很有前途的职业。

满足的味道，坚果为何而存在？

开心果、巴旦木、杏仁、腰果、夏威夷果这一类的零食，我们常常会统称为坚果。现在我的面前，就有一罐混合装的坚果。这里面的品种很丰富，除了刚刚提及的几种，还有南瓜子仁、蔓越莓干、葡萄干、花生仁和蓝莓果干。

坚果这类零食，不仅在我们的日常生活中随处可见，也是为数不多的被全社会鼓励食用的零食。比起琳琅满目的各类休闲食品，坚果看起来更加天然和健康。坚果中含有丰富的不饱和脂肪酸，所以尽管坚果的热量很高，但适量的摄入不仅不会长胖，反而可以降低患心血管疾病的风险。坚果中还含有丰富的蛋白质和膳食纤维，可以促进人体对其他营养物质的消化和吸收[1]。

如果从我们人类的角度来看，坚果简直就是为了被吃掉而生的。但事实上，即便每天都在大嚼着各种坚果的人，对坚果也依然所知甚少。你多

1　*The Nutrition Source: Nuts for the Heart*.Harvard T.H. Chan School of Public Health.

半不知道开心果树长什么样子，也不知道夏威夷果的产地并不是夏威夷，你甚至可能并不知道，刚刚我们提到的那些好吃的东西，它们其实根本就不是坚果。

混合装坚果里的常客

现在，我再来给你梳理一遍我面前的这个罐子里装着的东西：开心果、巴旦木、杏仁、腰果、夏威夷果、南瓜子仁、蔓越莓干、葡萄干、花生仁和蓝莓果干。

你可能知道，蔓越莓干、葡萄干和蓝莓果干，它们是水果晒干制成的，与我们对坚果的认知是不同的。被晒干的水果不算坚果。

巴旦木、杏仁、南瓜子这些食物，它们外面都包裹着一层坚硬的外壳，外壳里面则是美味的种仁，这应该算得上是坚果了吧？很遗憾，它们也不是植物学意义上的坚果。

想要弄清楚坚果是什么，就要先分清楚什么是果实，什么是种子。简单来说，当植物的花朵完成授粉之后，花朵的子房就会慢慢地膨大起来，变成果实。种子一般都是包裹在果肉之中的。

疯狂的植物

南瓜子是南瓜的种子，而南瓜则是典型的瓠果，黄瓜、葫芦、西瓜、甜瓜，各种瓜类结的都是瓠果。

花生是豆科植物，它与其他豆类一样，是长着典型的豆荚结构的荚果。

葵花籽是向日葵的种子，这类种子与蒲公英一样，是典型的瘦果。

松子和白果属于裸子植物，它们在植物学意义上连果实都不算，当然也就更不能算是坚果。

现在，就只剩下巴旦木、杏仁、核桃、开心果、腰果和夏威夷果这类明摆着就是坚果的选项了。但从严格意义上来讲，这些也都不算坚果。

巴旦木是巴旦杏（扁桃）的种子，杏仁是杏的种子。扁桃和杏都是典型的核果。核果的特点就是果肉肥厚，果子里面只有一粒坚硬的种子。常常被当作是坚果的开心果、腰果、夏威夷果以及核桃，也全都属于核果。

所以，我面前这一大罐各种各样的种子，虽然名字叫作什锦坚果，但如果较起真来，里面却连一粒坚果都没有。那么，真正植物学意义上的坚果有哪些呢？说起来其实很可怜，我们日常能见到的真正的坚果，只有板栗、橡果和榛子等很少的几种。

真正意义上的坚果

当然，在我们的日常生活中，坚果的定义可要宽泛多了。只要是可以吃的，有坚硬的外壳，富含油脂的植物种子，都可以被叫作坚果。我刚才跟你较这个真，既不是为了跟你抬杠，也不是想让你把这些复杂的分类背下来。我写这些其实是想要让你思考一个重要的问题：为什么这么多如此不同的果实，它们在人类的餐桌上却是如此相似呢？

其实，问题的答案也并不难想到——它们全部都是植物的种子。在目前已经发现的45万多种植物中[1]，有大约90%都是依靠种子来繁殖后代的[2]。但是，在种子植物出现之前的一个漫长的地质年代中，依靠孢子繁殖的蕨类植物才是地球舞台上的主角。

孢子和种子听起来只差一个字，但是它们的生命过程却截然不同。种瓜得瓜，种豆得豆，是我们普通人对种子发育简单且精准的理解。但是，孢子的行为完全不是这样。下面我要以蕨类植物为例，给你讲讲孢子发育成植物的全过程，稍微有点复杂。但是，只有耐心看完，你才能更容易地理解种子。

蕨类植物不会开花，也不会结出种子，它们用孢子繁殖。在蕨类植物的叶片背面，会密密麻麻地长出一些黄褐色或者黑色的小囊，这些就是孢子囊。头一次见到孢子囊的人，常常会误以为它们是害虫的卵，看起来还是挺吓人的。当孢子逐渐成熟的时候，孢子囊就会裂开，释放出里面的孢子来。每个孢子囊中，都可能包含着几千到几万个孢子，所有孢子囊中的孢子总数可以达到几百万个。

孢子只有一个细胞，它们比空气中的灰尘还小。它们的细胞没有携带任何的营养储备。如果说这些微小的细胞有什么特殊之处，那就是它们的

1　Pimm, S. L., & Joppa, L. N. (2015). How Many Plant Species are There, Where are They, and at What Rate are They Going Extinct? *Annals of the Missouri Botanical Garden*, 100(3), 170−176.

2　*Angiosperms (Flowering plants) — The Plant List*.

蕨类植物的孢子囊

细胞壁会稍微厚那么一点点。为了节约能量，孢子们从成熟开始就进入休眠的状态。这些孢子随着空气到处飘荡，绝大部分连地面都没碰到就死亡了。只有偶然落到湿润而且养分充足的泥土里时，它们才有可能发芽。

　　不过，即便是蕨类植物的孢子顺利发芽，长出来的东西也与产生孢子的蕨类植物很不一样。这个由孢子长成的奇怪东西，叫作配子体。不管蕨类植物多么高大，它们的配子体都会长得十分矮小，一般也就只有 1 厘米左右的高度。配子体上长着数量巨大的精子器和颈卵器。如果你看过我的《植物的战斗》中讲苔藓的那一章，肯定能够理解这些配子体长得非常矮小的意义。这是因为蕨类植物的精子需要有水作为媒介，才能顺利地到达颈卵器中。矮小就意味着更潮湿的环境和更多的形成合子的机会。合子形成后，进一步发育就会形成幼苗。幼苗在长大后才会形成真正的蕨类植物。

　　如果用一种不太严谨的方法去理解，你大体可以把蕨类植物矮小的配子体看作是蕨类植物非常原始的"花"。只不过，这些花并不是开放在蕨类植物的枝头，而是要先离开蕨类植物，在贴着地面的地方独立发育。蕨类植物之所以会有这个怪癖，就是因为枝头这种地方实在是太干燥了，完全不利于精子和卵细胞的受精。受精之后的合子，才是真正能够发育成植物幼苗的"种子"。请注意，我刚刚的描述中，花和种子都是带引号的，我只是用你熟悉的花与种子和你不熟悉的配子体和合子做了一个简单的对应，目的就是帮你理解蕨类植物的处境。

可想而知，如果环境干旱少雨，即便是土壤深处水分充足，蕨类植物也无法生存下去。促进孢子繁殖演化到种子的环境压力，也正是干燥。

地球上的沼泽开始变得干旱，大约是在石炭纪开始的。对于依赖水才能完成受精过程的蕨类植物，它们的生存受到了严重的挑战。要知道，蕨类植物的生命周期分成了两个不同的阶段，也就是我们熟悉的能产生孢子的孢子体，以及我们不熟悉的低矮的配子体。一个生命，如果想要在两个生命阶段同时发生演化，就必须在多个基因位点上同时出现有益的变异，这从概率上看，成功率显然是非常低的。

蕨类植物的最终选择，是舍弃它们的配子体。在发生变异的蕨类植物身上，产生出了两种不同的孢子。比较小的雄性孢子，展现出精子的特征，而比较大的雌性孢子，则展现出卵细胞的特征。细小的雄性孢子，逐渐向着不靠雨水、只靠风力就能与雌性孢子结合的方向发展。另一方面，干燥的土地不再适合毫无准备的合子发芽。于是，蕨类植物将更多的能量投入到制造新生命的过程中。随着时间的推移，种子就这样诞生了。

科学家通过基因研究发现，这种从孢子到种子的演化过程，至少已经发生过 4 次了。就是其中的某一次演化，让种子植物大行其道，成了植物世界的天之骄子。

不过，话说回来，从孢子到种子的过程，植物只面对一个敌人，那就是干旱。但是现如今，种子植物可并不是只用面对一种威胁就万事大吉的。

种子面临的最大问题，就是总被动物偷吃。你可以想想看，如果一家超市，货品琳琅满目，却没有任何防盗措施，那不是等着丢东西吗？

几乎所有的食草动物和杂食动物，都知道种子的好处。它们会用大量的时间，刻意去寻找植物的种子，来解决蛋白质和脂肪匮乏的问题。人类在农耕文明形成之前，就懂得大量收集草籽，储藏起来长期食用。考古学家发现过两万多年前的石杵和石钵，并从上面找到了古代人类研磨和加工野生大麦的痕迹。当人类进入农耕社会以后，毫不犹豫地就选择了小麦、水稻这样的农作物，与这些种子在农耕社会以前就早已进入了人类的食谱有很大的关系。

不仅仅是人类，野生的黑猩猩也会花费很长时间来捡拾草籽。昆虫和草籽是黑猩猩很重要的两种蛋白质来源，但是很显然捡拾草籽比捕捉昆虫更划算。发生了森林大火后，它们还会主动寻找那些被烧熟了的植物种子充饥。

植物当然不希望它们富含营养的种子被动物们彻底吃掉。为此，不同的植物就演化出各种不同的防御策略。最常见的策略就是用木质素和纤维素制作一个坚硬的壳，作为种子的保护。这就像是给超市装上了一扇结实的大门，可以有效地防御不法分子的闯入。

但是，光有一扇结实的大门肯定是不够的。因为如果把大门造得太结实了，里面的种子也就别想再钻出来了。所以，植物制造种子外壳的策略常常是将种子设计成两个半球形或者橄榄形的外壳扣在一起的形状。这样设计的好处就是让种子变得易守难攻。动物们难以打开种子外壳，但只要种子发芽，就很容易从里面把这个外壳一分两瓣。

有时候，坚固的种皮依然会被破解，因为啮齿动物的两颗大门牙就是专门为了咬开果壳而设计的。植物面对这类问题的办法，就是增加对动物们的贿赂。

裂开的种子外壳

当植物的果实成熟后，动物们会争相去采摘。假如没有外面甜美的果实，那么动物们就会直接把它们的种子吃掉。即使植物为了生存演化出辣味或者有毒的物质，但是道高一尺，魔高一丈，动物也会在演化的道路上形成新的策略。有了果实以后，动物自然而然就把注意力放在了甜美的果肉身上，隐藏在果肉内部的种子自然也就多了一个瞒天过海的机会。

有趣的是，在自然界中利弊常常相伴而行。当植物学会了将种子用果肉包裹起来时，就产生了一系列新的问题。当卵细胞被包裹起来后，曾经算是创新的风力传粉，就变得没有那么靠谱了。于是，植物演化出了雄蕊和雌蕊这样的器官，用它们把花粉和准备接受花粉的柱头举高。一个意外的机会，植物们找到了有效的合作伙伴——昆虫。昆虫可以不知疲倦地穿梭在雄蕊和雌蕊之间，有效地把花粉带到雌蕊的柱头上。

为了进一步吸引昆虫，植物们演化出一些色彩艳丽，而且能够散发出芳香的结构。终于，世界上的第一朵花，就在种子演化的过程中诞生了。

从此以后，被子植物们也被赋予了另一个美丽的名字：显花植物。

对花的喜爱，几乎是人类的天性。我们不仅爱花，也同样喜爱那些形状类似于花的东西。如果有什么东西有着艳丽的颜色和中心对称的结构，那么它几乎就能立即满足人们的审美情趣。实话实说，花朵对于人类的生存来说并没有什么用处。但是，考古学家在两万年前的古老墓葬中就发现了花环这样的东西。那么，人类是从什么时候开始喜欢花的呢？

这个谜题的答案，其实也与本章的主题"种子"有关。富含营养的种子，一直以来都是人类重要的生存资源。但种子可不是一年四季都有的，植物只会为成熟的种子准备用于发芽和生长的营养，所以也只有成熟的种子才对喜欢吃种子的人类有价值。

那么，到哪里去找那些富含营养的种子呢？答案就是——观察花朵。花朵是种子的指示器。开放的花朵，预示着不久的将来会有种子在这里产生。花朵与种子的因果关系，让史前人类开始有意识地观察花朵，了解花朵的开放时间。于是，我们也逐渐对花朵产生了喜爱之情。

人类对种子中营养的渴望，居然可以帮我们解释美学的起源，这真是一个意外的收获。对于美感，生物学的解释就是：那些暂时没有什么用，但在未来却能派上大用场的资源，会让人产生某种特殊的愉悦感，这就是美感。这也是我们的身体，对于有益于身体的行为发出奖励的信号。

在我们大口大口嚼着坚果的时候，我们的身体也会给我们奖励，这让我们一吃起坚果就会停不下来。虽然被我们称之为坚果的那些种子，主要的成分都是糖类、脂肪和蛋白质，但是在吃它们的时候，每一种坚果的口味都不尽相同。

有的种子脂肪含量很高，吃起来脂香四溢，比如松子和花生；有些种子的蛋白质含量很高，高到比牛肉、海鲜都更胜一筹，比如说大豆；还有些种子的糖类含量很高，吃下去可以立即为我们的身体补充能量，这类种子的代表就是大米。

每一种不同的种子，其中包含的营养成分都不一样。这符合我们的直觉，但也给我们造成了困惑。在同等重量的脂肪、糖类和蛋白质中，脂肪蕴含的能量最高。既然植物产生种子，就是要为它们的后代准备发芽所需的能量，那为什么不是所有的植物都去生产含油量超高的种子呢？

科学家们对此的解释是，不同植物因为不同的生存压力，找到了满足种子营养的最合适配方。比如，在茂密的森林里高大的树木遮挡了大量的阳光，这时森林底层初生的幼苗能获得的阳光能量就非常低。所以，生长在密林中的植物，产生出含脂肪比例较高的种子，就会有助于它们的生存。事实上也确实如此，牛油果、可可豆这些脂肪含量很高的种子，确实就是生活在森林当中的。

一些豆科植物，可以与某些固氮细菌形成根瘤，从而比其他植物更加容易获取氮元素。这种情况下，这些植物在种子中储藏蛋白质，就是一种高效率低耗能的生存方式。这说明，大豆这类植物很可能已经找到了制造脂肪和蛋白质的平衡点。

不过，自然界中总是会有例外的。比如，油菜就是一种生长在平原地区、喜欢阳光，但是种子却可以大量榨油的植物。这些例外正说明，演化是没有方向的。如果某种植物的种子成分并没有帮助它获得什么生存优势，但又没有带来太多坏处，那么这种植物就有可能成为一个例外。

不管怎么说，正是植物种子中的营养，让人类成为了不折不扣的坚果爱好者。植物们一定想不到，虽然它们"机关算尽"，也经历了亿万年的演化，但还是挡不住人类对美味的渴望。好在，人类不仅爱吃坚果，同时也成了这些植物最大的合伙人。

胡萝卜：客户喜欢橙色

1584 年 7 月 10 日，星期二，荷兰起义军的领袖奥兰治王子刚刚吃完午餐，返回自己位于圣阿加莎修道院的官邸休息。平常，他住在这家修道院二楼的一个房间里。就在奥兰治王子穿过修道院一楼的大厅，准备踏上通往二楼的楼梯时，一个人影猛地从左侧的廊柱后面跳出来。一瞬间，奥兰治王子还没有搞清楚状况，连续的枪声就响了起来。两颗子弹打在了他身后的墙上，还有三颗射入了他的身体。中枪的奥兰治王子倒在地上，当场身亡[1][2]。

这是一次早有预谋的政治暗杀事件，杀手是受雇于西班牙的刺客巴尔塔萨·杰拉德。不幸遇刺的奥兰治王子全名叫威廉·奥兰治，是一位强有力的军事领袖，率领着荷兰起义军在战场上多次击败了西班牙人，在平民当中也有极好的声誉。

奥兰治王子的死，并没有阻止荷兰独立的步伐，相反，暗杀事件让荷兰人反抗西班牙人的信心更加坚定，最终让荷兰脱离了西班牙的统治，成了一个独立的国家。

奥兰治王子为荷兰留下了很多精神财富。他是荷兰的民族英雄，被尊为"荷兰国父"。他的旗帜成了荷兰的国旗，赞颂他的歌曲《威廉颂》最终也成了荷兰的国歌。最有意思的是，奥兰治这个词与英语里的橙色（orange）读音几乎一样，而奥兰治王子的旗帜上刚好就有橙色，于是，橙色成为了荷兰的民族色。现在荷兰皇家卫队的礼服和荷兰运动员战袍的颜色，都是橙色。

---

1 Mark, J. J. (2020, July 8). *William the silent*. World History Encyclopedia.

2 The official website for BBC History Magazine and BBC History Revealed. (2005, May 24). Death from the shadows: the murder of William the Silent. *HistoryExtra*.

光是上面这些还不够，据说胡萝卜之所以是橙色的，就是荷兰的育种师们为了纪念奥兰治王子特地选育出来的 [1]。这已经成为现代胡萝卜起源的最流行的说法了。那么，胡萝卜真的为荷兰的民族英雄改变了自己的色彩吗？想知道这个问题的答案，我要从头说起。

一提到胡萝卜，估计你的脑海里立刻就能呈现出一根橙色的长圆锥形的经典形象。这个橙色的长圆锥形的部位，就是胡萝卜的肉质根。通过观察野生黑猩猩的行为可以知道，人类在进入文明社会以前，就对植物的根格外关注。特别是生活在干旱地区的植物，常常长着富含水分的肉质根，这是灵长类动物很重要的食物来源。不过，你可能没想到的是，胡萝卜吸引早期人类的特征并不是它们的根，而是它们的种子。

除非亲手种植过胡萝卜，否则绝大多数的现代人根本就没有机会接触到胡萝卜的种子。胡萝卜的种子上有一些纵向的条纹，看起来就像是小号的葵花籽。不过它们比葵花籽可要小太多了，大约要 50~80 粒胡萝卜种子才抵得上一粒葵花籽的重量。

胡萝卜的种子

1　Suzy Khimm. (2011, September 10). *Are carrots orange for political reasons?* The Washington Post.

疯狂的植物

早在 5 000 年前，生活在中东地区的人类就开始种植并收集胡萝卜的种子。比起胡萝卜温和甜润的口感来说，胡萝卜籽的气味绝对可以用浓烈刺激来形容。不同的人对于胡萝卜籽气味的感受还有所不同。有些人觉得胡萝卜籽有一种泥土的芳香，有些人则认为这种味道有点像是麝香。与人们喜爱香草的理由相同，胡萝卜籽的香味对昆虫有明显的趋避作用。"敌人的敌人就是朋友"，由于这些气味浓烈的植物能够驱赶昆虫，我们的嗅觉就逐渐把具有驱虫效果的气味都解释成香味了。

胡萝卜所在的植物家族，叫作伞形科。伞形科植物的花朵一般都很小，这些小花长在长度差不多的花轴上，看起来就像是一把撑开的雨伞。这个特征，让伞形科植物开花的时候特别好辨认。几乎所有伞形科的植物都能挥发出特殊的香味。蔬菜里的胡萝卜和芹菜，香料里的孜然、茴香和香菜，还有中药材里的当归、防风、柴胡和白芷，都有着浓烈的气味。从它们体内提取出来的芳香物质，都有驱赶昆虫的效果[1][2]。

胡萝卜的花

---

1 刘敏，谢慧琴，孙磊等.伞形科植物提取物对棉蚜的杀虫活性研究 [J]. 中国棉花，2013，(01) : 20-22.

2 宋萍萍，耿茂林，殷茜等. 5 种伞形科植物提取物对斜纹夜蛾的生物活性 [J]. 江苏农业科学，2014，(03) : 76-77.

更有趣的是，伞形科的植物里普遍含有一种不饱和醛类。正常情况下，这种物质给人类的印象是一种类似于青草的清香味。但是，人类的一个名叫"OR6A2"的基因上发生了一个小小的变异。带有变异基因的人再去闻这种不饱和的醛类物质时，就会闻到一股臭味。这种臭味与一种臭蝽科的昆虫（俗称臭虫或者臭大姐）的味道差不多。

这就是有些人对香菜的味道极为厌恶，对芹菜和茴香也不喜欢的原因。一项调查显示，全世界大约有 4%～14% 的人带有这个变异的基因[1]，而在我们东亚人种中，这个比例大约占到了 21%。换句话说，我们身边差不多有五分之一的人是不吃香菜的[2]。

对于研究胡萝卜演化史的科学家来说，发现人类把胡萝卜种子当作香料使用，是一件让他们头痛不已的事情。在阿富汗周边的古人类遗迹中，考古学家们多次发现了来自 5 000 年前的胡萝卜种子。这让我们有理由相信，5 000 年前的人类就已经开始种植胡萝卜了。

但是，胡萝卜的肉质根几乎不可能保存到现在，这就让科学家们无法判断当时的人们种植胡萝卜的目的，到底是要利用它们的种子，还是吃它们的根。我们没办法知道 5 000 年前胡萝卜块根的大小，更不知道它们的颜色。于是，橙色的胡萝卜到底是什么时候出现的，就成了一个谜。

1859 年，蔬菜种子供应商兼植物学家莫里斯·维尔莫林提出，橙色的胡萝卜是欧洲人直接从野生胡萝卜中重新选育出来的。他声称维尔莫林家族用了 4 代人的时间，完成了野生胡萝卜的驯化，并获得了长着橙色块根的胡萝卜。但是，反对的声音认为，维尔莫林在驯化实验中做了假，他用野生胡萝卜与橙色胡萝卜杂交才得到了所谓的驯化品种。

---

1 吃不吃香菜 原是基因决定 [J]. 心血管病防治知识（科普版），2018，(03)：41.

2 Mauer, L., & El-Sohemy, A. (2012). Prevalence of cilantro (Coriandrum sativum) disliking among different ethnocultural groups. *Flavour*, 1(1), 1–5.

1932 年，波兰生物学家麦凯维奇提出，橙色的胡萝卜最早生长在土耳其周边地区，后来才传到了欧洲。

1957 年，生物学家班加另辟蹊径地研究了 16～17 世纪所有出现了胡萝卜的油画，得出了橙色胡萝卜是由黄色胡萝卜选育出来的结论。后来他又补充说，黄色的胡萝卜来自紫色，而白色和橙色的胡萝卜都是黄色胡萝卜的后代。

然而，对于生物学家来说，基于杂交选育实验、文献研究等方法得出的结论，无论找到多少相关证据，都只能算是一种解释而已。只有基于分子生物学的研究，才能算得上是真正硬核的证据。

1999 年，加州大学园艺学教授鲁巴斯基的一项研究发现，胡萝卜的颜色是由各种色素的比例所决定的。花青素让胡萝卜呈紫色，花色素苷让胡萝卜呈黑色，红色胡萝卜含有较多的番茄红素，黄色胡萝卜中叶黄素占比较高，β 胡萝卜素则是橙色胡萝卜的关键色素，而白色胡萝卜中包含的各种色素都比较少。

这些关于色素的发现，让胡萝卜的颜色问题变得非常复杂。因为在这些色素的调控下，几乎可以出现任何颜色的胡萝卜。即便是外表颜色相同的胡萝卜，切开后还有可能出现很大的颜色差异。比如紫色胡萝卜，就有紫皮白心、紫皮紫心和紫皮黄心三种不同的颜色表达。克拉科夫农业大学就收集了多达 75 种不同颜色的胡萝卜样本，每一个样本都有着独特的颜色特征。

如果每一种色素都参与了胡萝卜颜色的调控，而每一种色素都对应着一个基因，那这件事情就太复杂了。威斯康星大学的遗传学教授菲尔·西蒙猜测，这些色素之间很可能存在着某种内部关联。

事实证明，他的假设是正确的。2009 年，西蒙教授发现了胡萝卜色素生成的重要规律。原来，各种各样的色素都是在合成类胡萝卜素的过程中产生的中间产物。这就意味着，如果在胡萝卜的基因中找到专门用来调控类胡萝卜素的基因，我们就有可能揭开胡萝卜色彩的秘密。

2014 年，一项关于胡萝卜基因组驯化的联合研究，在持续数年之后终于宣告完成。根据这项研究，我们终于能够粗略地还原出胡萝卜的演化历史了。

最早发现并且驯化胡萝卜的人类，最有可能就是在伊朗高原上的古波斯帝国。大约在公元前 4000 年，人类就已经与胡萝卜相遇了。只不过在当时，胡萝卜的根部只是稍微有一些膨大的肉质根。这些根的味道苦涩，还有明显的分支，这样的胡萝卜当然是不适合食用的。就像我们前面讲过的那样，当时的人类确实也没有把胡萝卜的根部当作食物，香味浓郁的胡萝卜种子在很长时间内都是古波斯人的香料和药品 [1]。

根据基因溯源可以知道，生活在香料时期的胡萝卜的肉质根有两种颜色，分别是白色和紫色。

大约在 1 100 年前，生活在现在阿富汗地区的农民发现了胡萝卜的变异，本来是白色或者紫色的胡萝卜突然间变成了黄色。如果当时的农民只关心胡萝卜的种子，他们就不太会在意野生胡萝卜根部的颜色。他们既然选择了黄色的胡萝卜，就很可能意味着他们已经在食用胡萝卜的肉质根了。

黄色的胡萝卜含有更多的胡萝卜素，显然比白色的更有营养，但 1 100 年前的古人肯定不会在意营养和健康问题，他们关心的无非就是产量和口味这两个问题。

西蒙团队还从基因图谱中发现，控制胡萝卜颜色和口感的是两个完全没有关联的基因。也就是说，无论是什么颜色的胡萝卜，都可以通过选育变得足够好吃。科学家们相信，黄色胡萝卜突变事件并不会让胡萝卜的口感变好或者变差。但黄色的胡萝卜显然更加好看，所以这是一次单纯为了

1　Rong, J., Lammers, Y., Strasburg, J. L., Schidlo, N. S., Ariyurek, Y., de Jong, T. J., Klinkhamer, P. G., Smulders, M. J., & Vrieling, K. (2014). New insights into domestication of carrot from root transcriptome analyses. *BMC Genomics*, 15(1).

好看而进行的选育。

黄颜色是胡萝卜颜色变得丰富多彩的基础，这说明胡萝卜已经开始大量合成类胡萝卜素了。有了这个基础之后，各种颜色的胡萝卜就从黄色胡萝卜中依次分化了出来[1]。

各种颜色的胡萝卜

西蒙教授这样评价这个过程："也许，最初只有一根胡萝卜变成了橙色，这根本不需要什么生物学的理由，只要随机的变异就能做到。"

有了黄色和橙色的胡萝卜后，最古老的白色和紫色胡萝卜很快就被人们抛弃了。白色胡萝卜的颜色太过单调，不能引起人们的食欲，而紫色胡萝卜的颜色来自易溶于水的花青素，在烹饪过程中花青素带来的紫色会让汤汁的颜色变成紫黑色，让人看起来食欲大减。于是，白色和紫色的胡萝卜就慢慢被黄色和橙色的胡萝卜取代了。

现在我们可以回到开头的那个故事了。根据分子生物学的估算，橙色胡萝卜出现的时间很可能是 500 多年前的某一天，这恰好就是奥兰治王子生活的时期。所以，荷兰人为了纪念他们的国父奥兰治王子，而选育出橙

1　Simon, P. (2019). Investigating carrot colours to produce healthier crops. *Scientia*.

色胡萝卜的说法，虽然没有更多的文献记载，但在时间上与分子生物学的证据确实是吻合的。色彩丰富的胡萝卜，还真的根据大客户的颜色偏好改变了自己的颜色。

故事到这里就讲完了吗？还没有。因为我国的科学家们发现，现在在我国大量种植的橙色胡萝卜，它们在古代文献中被记载的时间似乎要早于欧洲。而且，中国胡萝卜的形态学特征也与欧洲的橙色胡萝卜有些差异。如果中国的橙色胡萝卜是最近几百年从欧洲引入的品种，它们之间的差异似乎不会那么大[1]。

为了弄清楚这些问题，中国农科院蔬菜研究所的马振国教授带领他的团队进行了深入的研究。他们从世界各地采集了 119 个胡萝卜样本，其中 64 个样本来自中国本土，48 个样本是来自欧洲的橙色胡萝卜，另外 7 个品种则是来自中东地区的野生胡萝卜植株。

最终的研究结果表明，我国的橙色胡萝卜确实走了一条与西方的橙色胡萝卜不一样的独立演化路径。西方的橙色胡萝卜产生于黄色胡萝卜，而我国的橙色胡萝卜则与红色胡萝卜的亲缘关系更近。在 13 份红色的中国胡萝卜样本中，有 9 份是红皮红心的胡萝卜，还有 4 份的心部是橙色和黄橙色的。这些基于形态学的观察，与对应的基因证据完全吻合。

马振国团队的这项研究发现，中国胡萝卜的品种在遗传上比西方胡萝卜更接近来自中亚的原始品种，在基因的多样性上也优于欧洲的橙色胡萝卜。在这些品种中，我们已经找到了多个重要的抗性基因，这对于全球的胡萝卜育种工作有着深远的现实意义。

胡萝卜是一种化学成分极为丰富的蔬菜，这让我们常常用"有营养"来形容它。不过，这也让胡萝卜惹上了很多与保健和养生相关的麻烦。

1　Ma, Z.-G., Kong, X.-P., Liu, L.-J., Ou, C.-G., Sun, T.-T., Zhao, Z.-W., Miao, Z.-J., Rong, J., Zhuang, F.-Y. (2016). The unique origin of orange carrot cultivars in China. *Euphytica*, 212(1), 37–49.

比如，有个流行已久的传闻是："炒胡萝卜要多放油，才能更好地保留住胡萝卜的营养价值。"这个传闻的依据是，类胡萝卜素是一类脂溶性的物质，它们容易溶解在油脂当中，但是很难溶于水。因此，多放油才能保住胡萝卜的营养价值。

但是，类胡萝卜素同样对高温非常敏感，加油炒制的过程中，胡萝卜内部的类胡萝卜素不仅不能跑出来溶解到油里，反而会因为高温被大量破坏。最能保持胡萝卜营养成分的吃法不是油炸，而是生吃。如果真的需要炒着吃，正常放油就可以了，多放油并不能起到什么特别的效果[1]。

另一个流传更广的传闻是："吃胡萝卜对视力有好处。"相信很多人都听到过这个说法。这条传闻的依据是，胡萝卜里丰富的类胡萝卜素可以在我们的身体里合成维生素 A，而维生素 A 的一大作用就是治疗暂时性夜盲症。所以，吃胡萝卜就与提高视力对应上了[2]。

但是，这个说法的问题在于，导致视力问题的原因有很多，夜盲症只是众多视力疾病中的一种。夜盲症是一种视杆细胞功能性病变，只有缺乏维生素 A 造成的暂时性夜盲症才能通过补充维生素 A 进行治疗。对于一个正常人来说，只要有稳定的动物蛋白摄入，就不太可能缺乏维生素 A。也就是说，一个人即使不吃胡萝卜，只要能吃上鸡蛋或者其他肉类，就足以预防暂时性夜盲症了。

那么，多吃胡萝卜对视力好的说法从何而来呢？这和英国人有关。

"二战"时期，英国本土的白糖严重短缺。英国的气候条件根本无法种植甘蔗。英国政府几次尝试用甜菜、苹果和橘子来替代甘蔗，结果都失败了。几次尝试之后，英国政府发现，胡萝卜拥有甜味，而且容易种植，应

---

1 王强，韩雅珊. 不同烹调方法对蔬菜中 β - 胡萝卜素含量的影响 [J]. 食品科学，1997, (04)：57–59.

2 *Do carrots actually improve eyesight?* (2009, August 19). Gailey Eye Clinic.

该可以成为稳定的糖源。为了让英国人多吃胡萝卜，英国政府就绞尽脑汁想出各种推广胡萝卜的方法。结果来自英国皇家空军的"胡萝卜对视力好"的口号一下子流传开来[1]，成为现代人依然信以为真的生活谣言。

在所有关于胡萝卜的谣言中，最大的谣言应该就是"兔子爱吃胡萝卜"了。如果你去问一个小朋友，兔子最爱吃的食物是什么？小朋友多半会不假思索地回答"胡萝卜"。

各种动画片里只要出现兔子，我们就能看到兔子吃胡萝卜的场景，所以我们很容易就会认为，兔子必然是喜欢吃胡萝卜的。但是，养过兔子的人都知道，兔子的肠胃非常脆弱，它们更适合吃牧草和专用的兔粮。只要有别的东西可吃，兔子就不会去吃胡萝卜。如果你强行给兔子喂食大量的胡萝卜，还会造成兔子腹泻甚至死亡。

既然兔子并不爱吃胡萝卜，那么兔子爱吃胡萝卜的谣言又是从哪儿来的呢？这与一部经典动画片《兔八哥》有关。在这部动画片里，兔八哥有一个标志性的动作，就是随手就能掏出一根胡萝卜开始吃。正是由于这个动作太过经典，并且兔八哥的动画片一部接着一部上映，每一集从片头到结尾，兔八哥吃胡萝卜的动作都会出现很多遍，长时间的潜移默化，使兔子喜欢吃胡萝卜的印象深入人心。那么，兔八哥的制作人知不知道兔子不吃胡萝卜呢？我想他们大概是知道的。兔八哥这个动画形象在设计之初，就是要表现一只疯狂的兔子。兔八哥的英文"Bugs Bunny"直译过来就是疯狂的兔子。兔子日常给我们的形象是安静、胆小，但兔八哥完全颠覆了兔子的传统形象，大嚼胡萝卜也是为了突出兔八哥反叛疯狂的个性。

你看，越是熟悉的知识，我们就越容易忘记思考它们的正确性。餐桌上的胡萝卜就是一个典型的例子。

1　Maron, D. F. (2014, June 23). *Fact or fiction?: Carrots improve your vision*. Scientific American.

南瓜、冬瓜、西瓜，不只人类爱吃瓜

我今天要讲的故事，发生在 30 多年前。1991 年 3 月的一个中午，西安市长乐中路派出所的值班民警老陈正在吃午饭，一位 40 多岁的中年女人推门走了进来，老陈赶紧放下饭盒，站起身来。

女人回头往门外看了看，又仔细地把门关严，这才对老陈说："民警同志，我有个情况，不知道该不该跟你们反映。"

老陈伸手指了指旁边的椅子，说道："什么事儿？你坐下说。"

女人有点儿犹豫，她说："我家有套房子一直闲置，年初租给了几个男的住。这几个人，其实也没啥，就是白天不出门，晚上出去，到第二天早晨才回来。按说出去上夜班倒也没啥，但是他们回来之后一人背一个蛇皮袋子，大包小裹的，看样子还挺沉。我有几个邻居都跟我说他们是倒腾文物的，让我报警。可是，万一人家不是坏人呢？所以我就犹豫这事儿要不要说出来。"

老陈很认真地听完，点了点头，鼓励说："没关系，我们派个同志过去摸摸底。如果啥事儿都没有，也不会影响你租房子的。他们是哪里人？知道姓名吗？"

女人听到老陈这么说，就放下心来，她说："都是西安本地人。我就认识给我交房租的那个，姓吴，看着倒也不像坏人。"

老陈听完女人的描述，心里也基本有了底。西安是十三朝的古都，有 1 100 多年的建都史。这样的城市，地底下随便挖出点什么东西都是文物。西安的警察或多或少都跟文物贩子打过交道，老陈当然也不例外。

经过一个多月的跟踪蹲守，警方彻底摸清了这几个人的行踪。4 月底，长乐中路派出所联合市公安局专案组干警，把 4 名犯罪嫌疑人一举擒获。

通过搜查几个人的出租屋，警方收缴了 30 多件还没来得及转卖的文物。经过陕西历史博物馆专家的鉴定，收缴上来的文物中有 2 件国家二级保护文物。但是，真正引起专家们重视的是一件看起来像是西瓜的陶器。陕西历史博物馆为了这个陶瓷西瓜专门开了个文物鉴定会，但竟然没有任何人能说出这件文物的来头。最后，陕西历史博物馆决定把这个陶瓷西瓜送往北京，请国家文物局的权威专家进行鉴定。

说起西瓜，你肯定会想到"吃瓜群众"这个流行词。那为什么我们会说"吃瓜群众"，而不是"吃苹果群众"或者"吃樱桃群众"呢？这是因为，瓜是一种大型水果，经常需要很多人分吃才能吃完一整个。你想想看，那种我传给你一块，你递给我一块的吃瓜场景，与大家分享小道消息时的场景是不是很像？

西瓜在植物学分类里归属于葫芦科。葫芦科的植物中，不仅仅是西瓜能长得很大，西瓜的亲戚们体形也都不小。大型的哈密瓜可以长到 10 多千克，最大的冬瓜可以长到 200 多千克，丝瓜虽然没有那么重，但是它们也可以长到 4 米多长，南瓜就更不用说了，国外年年都有巨型南瓜的比赛，那些能参赛的南瓜基本上都是 500 千克起步的大家伙。2014 年瑞典农民种出了一个 935 千克的大南瓜，至今保持着最大南瓜的世界纪录，堪称地球上最大的果实。

某届南瓜比赛中的冠军

疯狂的植物

稍微想一下就能明白，这些巨大的瓜类在野生的时候，体形肯定不会很大。之所以能够长成巨大的体形，都是人类选育的结果。

瓜类之所以能长得特别大，与它们果实的结构有着很大的关系。瓜类植物都归属于葫芦科，它们特有的果实叫作瓠果。瓠果的结构特别好理解，以西瓜为例，最外面的一层绿色的比较硬的瓜皮就是瓠果的外果皮，里面白色的西瓜皮部分是瓠果的中果皮和内果皮，红色的西瓜瓤则是瓠果发达的胎座。西瓜的种子就分散在它膨大的胎座中。正是因为瓠果的胎座、内果皮、中果皮甚至外果皮都可以膨大起来，这才让它的果实有可能长到非常大的尺寸。

西瓜的瓠果结构

但是，瓠果的结构只是支撑它们果实膨大的物理基础，我们其实并不知道它们巨大果实背后的深层机理。西红柿、猕猴桃这类浆果，也有着与瓠果相似的果实结构，但是它们无论怎么选育，就是无法长出巨大的体形。

所以，葫芦科果实的膨大之谜，成了科学家们非常想要弄清楚的一个问题。研究这个问题的关键是弄清葫芦科植物的演化历史。但科学家们真正面临的困难是，几乎所有现存的葫芦科瓜类都被人类彻底地驯化了。目前我们在野外很难找到野生的葫芦科植物，即便找到，也是一些重新回归野生生活的驯化品种而已。直到 2019 年，通过我国广东省农科院蔬菜研究所领衔的一项研究[1]，才终于搞清了葫芦科植物的演化之谜。

通过对黄瓜、甜瓜、葫芦、西瓜、冬瓜、南瓜还有苦瓜的基因的比较研究，科学家们通过算法推断出了葫芦科植物共同祖先的基因图谱。

大约 8 000 万年前[2]，葫芦科的祖先开始出现在地球上，它们拥有 15 条染色体，有明显的爬藤特征，能够结出个头不大、但明显是瓜的瓠果。

大约 3 600 万年前，苦瓜最先从瓜类的大家庭中分化出来，开始独立发展。又过了差不多 1 000 万年的时间，我们熟悉的南瓜也独立分化了出来。与大多数葫芦科的植物不同，南瓜并非起源于旧大陆，而是起源于美洲[3]。

古生物学家洛根·吉斯特勒是研究乳齿象的专家，他在乳齿象的粪便沉积物中发现了大量的南瓜种子。这说明，野生南瓜很可能是乳齿象的常见食物。他说："经历驯化之前的野生南瓜，体形与网球差不多，吃起来的口感很可能也很接近一个网球。这些野生南瓜非常苦，而且外皮也像网球一样硬。"

对我们现代人而言，南瓜的味道是香甜的。吉斯特勒描述的野生南瓜中的苦味，来自葫芦科植物中常见的葫芦素。我们在吃黄瓜或者甜瓜时，在靠近尾部的地方常常尝到的苦味就是葫芦素的味道[4]。

———————————

1　Xie, D., Xu, Y., Wang, J., Liu, W., Zhou, Q., Luo, S., Huang, W., He, X., Li, Q., Peng, Q., Yang, X., Yuan, J., Yu, J., Wang, X., Lucas, W. J., Huang, S., Jiang, B., Zhang, Z. (2019). The wax gourd genomes offer insights into the genetic diversity and ancestral cucurbit karyotype. *Nature Communications*, 10(1), 1–12.

2　Jorgensen, R. A. (Ed.). *Plant genetics and genomics: Crops and models*. Springer.

3　李昕升. 南瓜的起源中心与早期利用 [J]. 大众考古, 2016, (03)：34–38.

4　Shang, Y., Ma, Y., Zhou, Y., Zhang, H., Duan, L., Chen, H., Zeng, J., Zhou, Q., Wang, S., Gu, W., Liu, M., Ren, J., Gu, X., Zhang, S., Wang, Y., Yasukawa, K., Bouwmeester, H. J., Qi, X., Zhang, Z., … Huang, S. (2014). Biosynthesis, regulation, and domestication of bitterness in cucumber. *Science*, 346(6213), 1084–1088.

哺乳动物对苦味的味觉，是为了避免中毒而演化出来的。相同质量的有毒物质对身体的毒害作用，一般与体重成反比。也就是说，吃下去一样多的毒素，小型动物更容易被毒死。所以，体形越小的哺乳动物，对苦味的感受就越敏感。

南瓜就好像是一家企业银行，它们不想为赔钱的散户提供服务，又想牢牢吸引住那些有利可图的大客户。利用苦味来筛选自己的客户，这实在是一个绝妙的主意。由于葫芦素的存在，能够咬碎南瓜种子的啮齿动物就会对南瓜避之不及，而乳齿象则对这种浓度的葫芦素毫不在意，它们会酣畅淋漓地把美味的南瓜囫囵吞下。南瓜向它们的大客户奉献出果肉的同时，也借助乳齿象的粪便传播了自己的种子。

南瓜坚韧的果皮可以很好地保护它们的种子，直到被吃掉为止。植物学家认为，南瓜的这种形态是它们与大型哺乳动物协同演化的结果。就像驯化后的小麦和玉米都无法在野外生存一样，离开了乳齿象的南瓜，也同样没办法在野外生存。

一万年前的某一天，我们的祖先通过白令海峡迁徙到了美洲，生活在美洲的大型哺乳动物的噩梦从此开始[1]。在不到 2 000 年的时间里，从北美最北端的阿拉斯加一直到南美最南端的阿根廷火地岛，大型哺乳动物相继灭绝[2]。北美 47 个大型哺乳动物属里灭绝了 34 个，南美的 60 个属里有 50 个属的大型哺乳动物惨遭灭绝。

南瓜绝对想象不到，自己用几千万年时间才建立起来的客户关系，竟然在人类贪婪的狩猎下瞬间土崩瓦解。无辜的南瓜，竟然在这场狩猎中，遭遇了"毁灭你，与你无关"的尴尬。

1　Surovell, T., Waguespack, N., Brantingham, P. J. (2005). Global archaeological evidence for proboscidean overkill. *Proceedings of the National Academy of Sciences*, 102(17), 6231−6236.

2　河森堡. 进击的智人 [M]. 北京：中信出版社，2018.

大型哺乳动物的大量灭绝，也给人类造成了食物危机。于是，人类把目光转向了当时已经濒临灭绝的南瓜。比起庞大的乳齿象，人类的体形远远不足以耐受南瓜中的葫芦素。如果吃掉太多的南瓜，还可能患上一种叫作毒性南瓜属综合征（Toxic Squash Syndrome）的疾病，得了这种病的人会产生严重的腹泻反应。

在饥饿的驱使下，人类走上了驯化南瓜的道路。今天的南瓜有着各种各样的形态，小的只有橘子大小，大的重量接近一吨。南瓜的味道也从曾经的苦涩变得香甜，成熟的现代南瓜基本上已经不含有葫芦素了[1]。

大约在 1 600 万年前，冬瓜终于出现了。广东省农科院蔬菜研究所的科学家们发现，虽然葫芦科的模式植物是葫芦，但它却不是保留葫芦科最原始基因的植物。我们日常生活中更常见的冬瓜，基因的多样性水平最高。冬瓜大约有 27 000 多个基因，其中大部分基因是葫芦科植物所共有的。

冬瓜

1　Bohannon, J. (2015, November 16). *Without us, pumpkins may have gone extinct: Study traces genetic ancestry of pumpkin family*. Science.

科学家们通过对基因位点的对比和排查，创建了一个由 1 600 万个变异组成的变异图谱。他们希望通过对这个变异图谱的深入研究，找到导致各种瓜类体形膨大的关键基因。

　　大约 1 300 万年前，西瓜和葫芦从它们共同的祖先那里分化出来，开始了独立演化的历程。

　　相比起这些瓜类亲戚，葫芦距离我们现代人的生活似乎有点遥远。大多数人只把玩过制成工艺品或者水瓢的葫芦，很少有机会接触鲜活的葫芦。葫芦最特别的一点在于它们的中果皮里含有丰富的木质素，如果把葫芦的外皮刮掉，让它的中果皮尽快干燥，葫芦就变成了一个不会腐烂的天然容器。在古代，葫芦这样轻便、结实的容器几乎是不可替代的。

　　古代中国有用葫芦来装药或者装酒的悠久传统。葫芦切成两半做成的水瓢，更是家家户户必不可少的生活器具。根据文献记载，中国有超过 2 000 年种植和使用葫芦的历史。甲骨文中就已经出现了"壶"字，指的就是葫芦。

新鲜的葫芦

在我国的道教文化中，葫芦也有着相当崇高的地位，我们也经常在中国的神话传说中见到葫芦的身影。不过遗憾的是，葫芦的故乡并不在中国，非洲南部才是它的原生地。现在，在津巴布韦和赞比亚等国家[1]还生存着少量野生的葫芦种群。

看到这里，不知道你是否会产生一个疑问：葫芦的种子被坚硬的外壳包裹着，那么野生葫芦要如何传播自己的种子呢？其实，野生葫芦的果皮比现代葫芦要薄得多。在野生情况下，葫芦的木质化部分只是葫芦外果皮的大约十几层细胞，当它们成熟风干后，就像是非常轻盈的纸糊的灯笼。只要稍微受点儿外力，它们又薄又脆的外皮就会破开，葫芦的种子自然就掉出来了。我们现在见到的结实漂亮的现代葫芦，是人类不断选育的结果。当葫芦变得越来越结实以后，它们的种子无法散落出来，也就失去了在野外生存的能力。在人与葫芦的关系中，人类扮演了乳齿象的角色。

古人类学家在很多旧石器时代晚期的人类遗址中，都发现过用葫芦制作的器皿。从葫芦木质层的厚度来看，它们显然不是野生的品种，而是经过人类驯化的。所以，人类最早驯化的植物可能并不是小麦、水稻或者玉米这些我们耳熟能详的粮食作物，更有可能是葫芦[2]。

现在，非洲大陆、亚欧大陆和美洲大陆上都有葫芦。科学家通过分子生物学的研究，得出了 3 个重要结论：

1. 现在分布于全世界的葫芦，都是在几万年前离开非洲，传遍世界各地的；

2. 大约在 8 000 年前，亚洲的葫芦发生了一次独立演化事件；

1　Austin, D.F. A Field Guide to the Families and Genera of Woody Plants of Northwest South America (Colombia, Ecuador, Peru). *Econ Bot* 47, 337 (1993).

2　刘莉, 陈星灿. 中国考古学 : 旧石器时代晚期到早期青铜时代 [M]. 北京 : 生活·读书·新知三联书店，2017.

3. 大约在 4 000 年前，埃及的葫芦发生了一次独立演化事件[1]。

但是，这些证据不仅没有帮我们更好地理解葫芦的演化史，反而给科学家出了一个巨大的难题。驯化后的葫芦没有办法独立在野外生存，显然无法传播扩散出去。如果当时扩散到全世界的是野生的葫芦，为什么我们在除了非洲南部以外的其他地区，完全找不到野生葫芦存在过的痕迹呢？而且，葫芦又是怎么跨越大洋，到达美洲的呢？

有一种解释认为，最初传遍全世界的确实是野生葫芦，这些野生葫芦又被分布在各个大洲的人类分别驯化。由于某种原因，野生葫芦遭遇了灭绝事件，而非洲南部地区是野生葫芦的最后的避难所。这种解释听起来有些道理，但是各大洲的人类分别独立驯化葫芦，这与分子生物学的证据并不相符，显然并不是正确答案。

还有一些人认为，可能是经历了驯化的葫芦，随着洋流漂到了美洲大陆[2]。但是，这种说法不仅依赖巧合，而且也没办法解释葫芦广泛分布在世界各地的问题。

在排除了各种选项后，真相呼之欲出。很有可能是驯化了葫芦的智人，带着葫芦的种子走出非洲，并把葫芦传遍世界各地的。这是一个令人兴奋的猜想，也能够解释所有已知的问题。不过，科学家现在掌握的证据，还不足以证实这个猜想。现在，智人把葫芦传遍世界各地的说法，依然还是一个假说。

与葫芦在 1 300 万年前分家的西瓜，故乡也在非洲，主要生长在今天

1　Erickson, D. L., Smith, B. D., Clarke, A. C., Sandweiss, D. H., & Tuross, N. (2005). An Asian origin for a 10,000-year-old domesticated plant in the Americas. *Proceedings of the National Academy of Sciences*, 102(51), 18315–18320.

2　Kistler, L., Montenegro, Á., Smith, B. D., Gifford, J. A., Green, R. E., Newsom, L. A., & Shapiro, B. (2014). Transoceanic drift and the domestication of African bottle gourds in the Americas. *Proceedings of the National Academy of Sciences*, 111(8), 2937–2941.

的撒哈拉沙漠以南的地区。如今西瓜属的 7 个种中，一个叫作诺丹西瓜的种类，基因最为原始，而它主要的种植区域就位于撒哈拉沙漠以南的苏丹共和国境内。

正如原始的南瓜一样，野生西瓜不仅个头小而且味道很苦，就连西瓜瓤也不是诱人的红色，而是白色。人类驯化西瓜的时间远比葫芦要晚得多。大约 4 000 年前，机缘巧合，人类食用了没有苦味的西瓜变异种，人们觉得这种水灵灵的果实可以用来补充水分，于是就走上了驯化西瓜的道路。

根据人类的需求，西瓜的驯化分成了两个分支，一个是药用西瓜，主要分布在非洲北部、西南亚、中亚沙漠和半干旱地区，这类西瓜富含葫芦素，在当地通常被作为药材种植；而另外一个分支是饲用西瓜，广泛种植在非洲南部，最早人类也不是直接食用这种西瓜，而是把它作为动物饲料，为牲口补充水分。这种饲用西瓜经过人类的选育之后，逐渐形成了黏籽西瓜，这就是我们今天食用的现代甜西瓜的祖先[1]。

最早记载了西瓜的是古埃及文明，在距今 4 000 多年的壁画中，就出现了西瓜的身影。从壁画中可以看出，当时的西瓜，根部比今天的西瓜更加粗壮，茎蔓也比现代西瓜长得多，这是适应干旱气候的植物的特点。

3 000 年前，西瓜通过小亚细亚地区传入了罗马，随后很快随着亚欧大陆上频繁的文化交流扩散开来。西瓜在亚欧大陆上的传播主要有三条路线：一条路线是从罗马向欧洲地区传播，第二条路线是从伊朗向印度传播，还有一条路线是向北经过伊朗和阿富汗，再跨越帕米尔高原传入古代西域地区，继而向内辗转传入我国。虽然大致的传播路线已被确定，但这又牵

1　Zhao, G., Lian, Q., Zhang, Z., Fu, Q., He, Y., Ma, S., Ruggieri, V., Monforte, A. J., Wang, P., Julca, I., Wang, H., Liu, J., Xu, Y., Wang, R., Ji, J., Xu, Z., Kong, W., Zhong, Y., Shang, J., … Huang, S. (2019). A comprehensive genome variation map of melon identifies multiple domestication events and loci influencing agronomic traits. *Nature Genetics*, 51(11), 1607−1615.

疯狂的植物

扯出另外一个问题，西瓜究竟是何时传到我国的呢[1]？

由于西汉时期汉朝打通了丝绸之路，所以我们很容易觉得，西瓜在西汉时期就已经沿着丝绸之路传到了我国。特别是西瓜这个名称，也证明了西瓜从西域而来。20世纪50年代，浙江、江苏、广西等地的汉代遗址纷纷出土了"西瓜籽"，这似乎进一步验证了西瓜早在西汉时期就已经来到我国的推测。可是很遗憾，这些出土的"西瓜籽"最终无一例外都被证明是葫芦或者其他瓠瓜的种子，并不是西瓜籽。

目前史学界公认的史料来自五代十国时期的一段文献。文献记载，后晋被契丹灭国之后，后晋一位名叫胡峤的文官被当作俘虏押解到契丹的首都上京。上京的位置就在今天的内蒙古赤峰市附近。胡峤在上京吃到了一种味道甘甜的瓜类水果，他把这种水果称为西瓜。文献的记载非常详尽，可以看出这里所说的西瓜确实就是我们熟悉的西瓜[2]。

在本章开始的故事里，陕西历史博物馆的考古学家之所以无法鉴别陶瓷西瓜的真伪，就是因为这件陶瓷西瓜被鉴定为唐三彩，是一件唐代文物，而根据主流认知，唐代又是没有西瓜的，这才让考古学家犯了难。

经过国家文物局权威专家的鉴定，这件唐三彩西瓜确实是一件真品。这件文物为西瓜早在唐代以前就传入中国提供了有力的证据。这说明西瓜在唐代即便没有大规模种植，至少也是为人所知的西域水果了。目前，这件文物已经成为陕西历史博物馆的镇馆之宝。相关的农史专家，也开始了新一轮的对西瓜种植时间的考证[3]。

尽管葫芦科并非我们国家的原产物种，但我国对于瓜类的研究已经走在了世界的最前沿。由于葫芦科植物是藤蔓植物，因此非常适宜进行立体

1　刘启振，王思明. 略论西瓜在古代中国的传播与发展 [J]. 中国野生植物资源，2017，(02)：1-4+8.

2　程杰. 西瓜传入我国的时间、来源和途径考 [J]. 南京师大学报 (社会科学版)，2017，(04)：79-93.

3　刘启振，王思明. 西瓜在中国的引种栽培史研究综述 [J]. 农业考古，2016，(06)：167-172.

种植，葫芦科植物未来也有望成为最适合工业化生产的植物类别之一。

随着科学家对葫芦科植物基因组研究的深入，让瓜类果实变得巨大的基因也一定会被找到。到时，葫芦科植物很有可能向其他的植物贡献出自己宝贵的基因，把果实类植物的农业生产带上一条快车道。

第三章　生存竞争

仙人掌和大戟科，荒漠中的阻击

在广东一带，有一道汤的味道非常鲜美，用料也相当讲究。汤中除了猪棒骨、甜杏仁、苦杏仁、蜜枣、黑枣、无花果干这些常见的食材外，还有一味最核心的食材，这是一种纤维很长，吃起来有点像是金针菇的东西，一般人认不出。这碗汤的名字叫霸王花猪骨汤，那些又细又长、口感类似金针菇的纤维，正是霸王花的雄蕊。

霸王花是仙人掌科植物"量天尺"开的花。这些花的花瓣有15~20厘米长，完全绽放时花朵的直径可以达到30厘米，看起来非常霸气，所以才被称为霸王花。如果你对量天尺和霸王花都不熟悉，那它的另一个名字你一定耳熟能详——火龙果。

很多人都以为，量天尺、霸王花、火龙果是三种完全不同的植物。其实，它们刚好分别对应着同一种植物的茎、花和果实。火龙果原产于墨西哥和中美洲的一些地区。在它的原产地，火龙果依靠蝙蝠进行授粉。在火龙果被当作水果移栽到我国之后，就没有能给它们授粉的蝙蝠了，但如果不给它们进行人工授粉，火龙果就无法结出果实。这些不结果子的火龙果花，就是霸王花。不在花期的霸王花看起来就像是一节一节的尺子，于是人们就叫它量天尺。

火龙果农场

我们都知道，仙人掌有着出众的耐旱本领，这与它们一系列专门针对沙漠环境的创新发明是分不开的。从量天尺的身上，我们就能观察到它们的第一项创新发明，那就是能在沙漠里屹立不倒的本领。

你可能会问，植物不都是立着不倒的吗？能够立着不倒算是什么新发明呢？在水分充足的环境里，立着不倒确实算不了什么，但在沙漠里，这还真是一个必须解决的大问题。

咱们可以拿黄瓜来举例。你可以把一根黄瓜想象成生长在沙漠里的仙人掌。当黄瓜新鲜的时候，它的每一个细胞里都充满了水分，这些水分给细胞壁提供了足够大的压力，让整根黄瓜保持着固定的形态。所以，新鲜的黄瓜是能够直立起来的。

但是，如果你把黄瓜放在太阳下暴晒，黄瓜细胞中的水分就会逐渐散失，失去水分的黄瓜细胞也会随之变软。当足够多数量的黄瓜细胞都变软之后，黄瓜就打蔫儿了。当黄瓜里的水分散失得差不多了，它就会变成一根蔫黄瓜，瘫软下来。

疯狂的植物

仙人掌科的植物一般都生活在干旱地区，全年降雨是非常不均匀的。旱季时，常常连续几个月一滴雨都不会下。那些高大的仙人柱要面对着暴虐的阳光和 50 多摄氏度的高温，而且接连几个月一滴水都没有。你想想看，即便仙人掌保持水分的能力再强，几个月里也要消耗掉非常多的水分。有研究表明，在旱季结束的时候，一些仙人柱的体重会下降到旱季开始时的一半。

但是，你觉得这些仙人柱会打蔫、变软，最后像蔫黄瓜一样倒下来吗？当然不会，它们会稳稳地立在沙漠上，直到雨季的来临。

让那些高大的仙人掌屹立不倒的秘诀就是它们的棱。我还是用量天尺来做例子，量天尺的茎部形状，就像是一个三棱柱。如果你把量天尺的茎部横着截断，就能看到一个标准的等边三角形。等边三角形的三个顶点对应的，就是量天尺的三条棱。在等边三角形的正中心，有一根木心，这就是量天尺的维管束。量天尺根部吸收的养分，就是通过这根木心在体内传递的。木心周围的肉质组织，就是用来储存水分的细胞。

大多数仙人掌科的植物，都有这种"棱"的结构。如果你观察过仙人球或者仙人柱，就会发现它们的表面都会分成一道一道的棱。量天尺的棱有三条，有一种名叫蓝天柱的仙人掌有四条棱，仙人掌科里专门有一个属，名叫多棱玉属，你听这个名字就知道，它们的棱都很多，有的多棱玉，身上有五六十条棱。

在缺水的环境里，三棱柱里面储藏的水分就会被提取出来，用于维持生存。随着水分的散失，等边三角形的三条边就会向内凹陷，这时候，三棱柱在表面积没变的情况下，体积就变小了。剩余的细胞仍然充满水分，提供着足够的支撑力。还有一点也很重要，就是仙人掌中心的木心与它的棱，呈现出一种中心对称的结构，仙人掌无论怎么失水，都会维持着一个中心对称的形状，不会像打蔫的黄瓜一样倒向一边。

多棱玉属仙人掌的横断面

仙人掌的体内，有90％都是水。如果把植物比作一家公司，那么水分就是公司的资金。仙人掌这种半年有生意，半年没生意做的公司，在有生意的时候积累足够的现金是非常必要的。这样在没有生意的时间里，仙人掌才能够节约资金，平衡发展，确保自己存活下来。作为一种大量储存水分的草本植物，它们能生长到几十米高，与它们这种有棱的身体结构绝对是分不开的。

但是，这种棱的结构并不是仙人掌的专利。在遥远的非洲大陆上，另外一种植物也有着与仙人掌非常类似的外观，它们也有柱形的茎部，茎部外面也长着数量不等的棱。这就是大戟科的多肉植物。

有一种名叫三角大戟的大戟科植物，它们的形态就与量天尺非常相似。如果我们把三角大戟的茎部切开，就能看到相同的等边三角形截面。

大戟科与仙人掌科并不是亲戚，它们的基因在进化树上并不存在继承关系。棱的结构，是这两大类植物在漫长的岁月中自然演化的结果。如果某种植物体内的含水量会随着季节发生剧烈的变化，那么让茎部的截面长

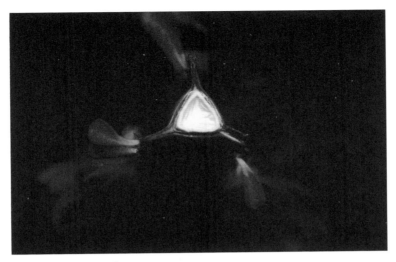

三角大戟的横断面

成一种多棱的形状，就是一种绝佳的设计。棱的结构，在大戟科植物和仙人掌科植物的身上，独立地演化了两次。

当然，在沙漠这种恶劣的环境里，光是能站得稳，肯定是不够的，更为重要的是要想尽办法减少水分的散失。

从数学的角度来讲，保持水分最关键的诀窍是控制住叶片表面积与体积的比例。

一个高20厘米的直筒玻璃杯，装满水之后，水与空气接触的面积就只有杯口那么大。在上海地区，大约需要2个月时间这杯水才能彻底蒸发掉。但是，如果你把这杯水泼在地上，用不了半个小时，水就彻底干了。如果你能把这杯水雾化，然后喷洒在空气中，只需要几秒钟，水就会彻底变成水蒸气跑掉。其中的差异，就是水与空气接触的表面积不同造成的。

仙人掌想减少水分的蒸发，自然要先向叶子下手。它们先是把叶子变得越来越小，越来越细。新长出来的仙人掌叶子，还有一点点嫩芽的形态，但越是成熟的仙人掌躯干，叶子也就越发地变形，最后这些叶子都会变成木质化的尖刺，再也不会消耗水分了。

叶片变成刺状当然可以减少水分蒸发，但叶子本身的重要功能，也就是光合作用却也无法进行了。仙人掌的方案，就是把储存水分和进行光合作用的任务，全部交给原本只是进行养分运输和身体支持的茎部。这样的结构简化，既可以减少水分运输的路径长度，同时也能用尖刺来保护充当水分仓库的茎部。那些想要偷吃仙人掌的动物们，想要啃食仙人掌的茎，就免不了被仙人掌的刺扎伤。

大戟科多肉植物看起来也有尖刺，且没有叶子，但这种形态的形成机制却与仙人掌不同。大戟科多肉植物的叶子与正常的叶子没有什么不同。新叶长出之后，如果气候干旱，它们很快就会脱落。如果正处在水分充足的季节，这些叶子则会存活很久，才慢慢脱落。大戟科植物的尖刺也不是它们的叶子，那些刺是叶子下面的托叶特化而成的。

不管怎么说，仙人掌与大戟为了同样的目标，最终都表现为相似的外在形态。

但是，仅仅放弃叶片还不足以锁住水分，因为只要仙人掌还在进行光合作用，就必然需要水和二氧化碳作为原料。水保存在仙人掌的体内，随时都可以提取出来使用，但二氧化碳怎么办呢？虽然空气中有用不完的二氧化碳，但是仙人掌想要吸收二氧化碳就必须打开气孔，一打开气孔，体内的水分就会立即散失出去。这简直就是一个难以解决的悖论。

从美国西部的加利福尼亚湾一直到南美洲的智利，大大小小分布着很多个沙漠，这里是仙人掌的故乡。夏季时暴虐的阳光会把仙人掌的表皮加热到超过50℃，而仙人掌脚下的沙地温度则会高达70℃[1]。

1　Edwards, E. J., Nyffeler, R., & Donoghue, M. J. (2005). Basal cactus phylogeny: Implications ofPereskia(Cactaceae) paraphyly for the transition to the cactus life form. *American Journal of Botany*, 92(7), 1177–1188.

在沙漠里生活的动物绝对不会选择在白天出来活动，它们会等到太阳下山后再出来活动。仙人掌在漫长的演化过程中，也找到了应对烈日的办法。它们会在凉爽的夜晚打开气孔，把空气中的二氧化碳吸收进来，然后经过一系列复杂的化学反应，把二氧化碳储存在有机酸当中。第二天白天，有机酸中的二氧化碳被重新释放出来，这样，光合作用就能顺利地进行了。这种在夜晚吸收二氧化碳，白天用于光合作用的方式，名叫景天酸代谢[1]。

景天酸代谢是一种非常巧妙的固定碳元素的方式，它能够让植物打开气孔的时候躲开强烈的阳光，从而避免体内水分的散失。这简直就是为了节约用水而量身定做的方案。

大戟科的多肉植物，采用的也是景天酸代谢这一方案。除了仙人掌科和大戟科植物，景天酸代谢还广泛存在于景天科、芦荟科、龙舌兰科这类耐干旱的多肉植物中。但很有趣的是，所有这些多肉植物的亲缘关系都很远。它们并没有一个率先演化出景天酸代谢的共同祖先。换句话说，景天酸代谢这种超级复杂的固碳方式，竟然被重复发明了很多次。这很可能比动物们重复发明眼球这种结构的复杂度还要高。虽然在不同植物的体内，景天酸代谢的化学反应并不完全相同，但从宏观上看，这些解决方案仍然是高度相似的。

同样作为沙漠环境的拓荒者，仙人掌和大戟都不满足于节约用水，它们必须有能力在雨水来临时用最快的速度收集水分。沙漠中土壤的保水能力特别差，雨水一旦落在沙地上，就会迅速下渗，哪怕只是吸收的速度稍微慢点儿，都会浪费大量的水分。

被称为"沙漠三杰"的胡杨、梭梭和柽柳，之所以能在沙漠里生存，是因为它们的根系能够扎到几米甚至十几米深的地下水层去吸收水分。

1　Mwine, Julius & Van Damme, Patrick. (2011). Why do Euphorbiaceae tick as medicinal Plants? A review of Euphorbiaceae family and its medicinal features. *Journal of Medicinal Plants Research*. 5. 652–662.

但是，仙人掌的策略与胡杨、梭梭和柽柳完全不同。仙人掌的根系也很长，但是它们的根系并不往深处扎，它们是在浅层沙土中横向生长的。一棵高大的仙人柱的根系会在水平方向上织成一张大网，覆盖几百平方米的沙地。一旦开始下雨，几百平方米的网状根系就会把整片沙地中渗入的雨水一扫而光，全部收集起来[1]。

大戟科植物的根系策略与仙人掌略有不同，它们的广度不如仙人掌，但根系的深度比仙人掌略深。造成这种差异的原因在于生活在南非和非洲东部的大戟科多肉植物，它们所处的环境没有南美洲的沙漠那么干旱，那里的降雨量要远高于南美洲的沙漠地区，干旱的原因只不过是土壤的蒸发量远远大于降水量罢了。

这种情况下，水分是可以在较深层的土壤中存留一段时间的，大戟科的多肉植物吸收水分的需求也不像仙人掌那么迫切。它们可以在下雨后的几天内，更加从容不迫地吸收水分。所以你看，即便是趋同演化，也会因为环境的一点点区别，就走上不同的发展道路。

由于缺乏足够的化石证据，植物学家直到现在也没有最终确定仙人掌科植物是在何时、从何地诞生的[2]。但根据仙人掌的地理分布情况，我们还是能判断仙人掌首先出现在美洲沙漠，随后才逐渐向旧大陆传播。

在哥伦布发现美洲新大陆之前，只有一类名叫丝苇的仙人掌，生活在非洲南部和斯里兰卡的雨林中。从基因证据可以得知，丝苇属的仙人掌的确就是南美洲仙人掌的后代。植物学家猜测，丝苇属的仙人掌很可能是通

1　*Biology of cacti (Adapted from Benson, 1982 and Cullman, 1987)*.

2　Arakaki, M., Christin, P.-A., Nyffeler, R., Lendel, A., Eggli, U., Ogburn, R. M., Spriggs, E., Moore, M. J., & Edwards, E. J. (2011). Contemporaneous and recent radiations of the world's major succulent plant lineages. *Proceedings of the National Academy of Sciences*, 108(20), 8379-8384.

过鸟类，从巴西的雨林里传播出来的[1]。除了丝苇属的仙人掌，其他种类的仙人掌都是通过人类的航海活动，才逐渐传往世界各地的。

丝苇属仙人掌的形态，看起来很像是一根根去掉了叶子的竹子。很有意思的是，大戟科也有一类与丝苇属仙人掌外形酷似的植物，那就是光棍树。有些光棍树的园艺品种与丝苇属的仙人掌极其相似，有时连专业的花农都需要仔细观察才能把两者区分开来。

丝苇属仙人掌

丝苇属仙人掌可能的祖先，是生活在巴西热带雨林里的附生仙人掌。如果我给你举一个附生仙人掌的代表品种，你肯定会很熟悉，那就是我国花市里随处都能买到的蟹爪兰。蟹爪兰的原生环境是热带雨林，那里水分充足，光线却相对较弱，这与传统仙人掌的生活环境大相径庭。

对于这类环境，蟹爪兰的应对策略是让茎部变得扁平，分支也变得更多，这样就让茎部的受光面积变得尽可能大。蟹爪兰依然没有传统的叶片，

1　Cota-Sánchez, J. H., Bomfim-Patrício, M. C. (2009). Seed morphology, polyploidy and the evolutionary history of the epiphytic cactus Rhipsalis baccifera (Cactaceae). *Polibotánica*, 29, 107−129.

但是远远地看起来，它们扁平的茎部长出了很多分枝，已经越来越像叶子了。在潮湿多雨的环境里，蟹爪兰改变了自己的形态，它们重新发明了叶子。

仙人掌科的植物里，重新发明叶子的现象还不在少数。

仙人掌科里面有个仙人掌属，这里面的植物，它们的茎部都是一个一个扁平的椭圆形。其实，仙人掌这个名字，就来自这个属的形态。这种形态的仙人掌多数都生长在沙漠边缘的半干旱荒漠地带。它们没有仙人柱那么缺水，所以片状的茎部就能更好地进行光合作用，帮助它们以较快的速度生长。这些椭圆形的茎部，其实也是一种被重新发明的叶子。

还有一种情况更有趣。你如果仔细观察过仙人球，就会发现很多品种的仙人球的刺都长在一个肉质的凸起上面。有些仙人球刺座位置的肉质凸起非常明显，看起来就像是一根一根的绿色手指长在仙人球上，而它们的刺就长在绿色手指的末端。这些绿色手指的作用，不用我说，你也能猜到，那就是增大茎部表面积，好让更多的表皮细胞进行光合作用。仙人掌科里有一个属，叫作乳突球属，这个属中的植物全都是这类形态。这其实也是在重新发明叶子。

不过，上面这些重新发明叶子的行为，比起我现在要说的都算不上什么了。仙人掌科里还有一个属，叫作岩牡丹属。这个属里面的植物，把增大光合作用面积这件事做到了极致。

它们茎部的肉质凸起干脆就长成了叶子的形状。这些假的叶片层层叠叠地生长在一起，看起来就像是一朵用岩石雕刻成的牡丹花。如果你指着岩牡丹茎部伸出来的肉质凸起，去问身边的人，这是植物的什么部位？我相信你大概率会得到"这是叶子"的答案。它们的样子很难让人相信，这些并不是真的叶子，这只是仙人掌在演化过程中全新的发明创造而已。

疯狂的植物

岩牡丹属植物

　　仙人掌科的植物，最初为了在干旱的沙漠中生存进行了一系列的演化，但当它们完全成为沙漠中的王者后，就逐渐开始向其他领域拓展了。这很像是独角兽型的创业公司，它们先是在一个垂直领域异军突起，一骑绝尘，等到完成了最初的资本积累后，又逐渐开始向相关的领域拓展自己的业务。沙漠中的仙人掌有着最极致的保水手段，但到了高山或者荒漠地带，则重新发明了叶子，适应当地的环境。最后，连热带雨林里都有了它们的一席之地 [1]。

　　相比之下，大戟科的植物则更像是一个实力雄厚的大集团，它们本来就已经凭借着强大的实力占领了很多个行业。现在，它们看到了仙人掌的成功，发现干旱地带也并非无利可图，于是就自我改造成适应干旱地区的模样，在沙漠边缘分了一杯羹。

　　对于仙人掌和大戟来说，沙漠环境就像是一个围城。占领了全世界的大戟科植物想要冲进去，但已经占领沙漠的仙人掌却想要冲出来。如果植物们也能像创业者一样思考并了解自身的境况，不知道它们会作何感想。

1　*Cacti indoors: Tropical forest cacti.* Research Guides at New York Botanical Garden.

胡杨、梭梭与柽柳，大漠三杰的传奇

在内蒙古历史文化名城鄂尔多斯，一条美丽的河流如同玉带一般穿城而过，这就是乌兰木伦河。在乌兰木伦河的南岸，坐落着一个占地300多公顷的原生态沙漠公园，公园的主体是一个新月形的巨大沙丘。从高空俯瞰时，这座沙丘在四周青山绿水的环抱之下，犹如海洋中的一座孤岛，显得神秘而美丽。

在我们的印象中，都是无尽的沙漠环抱着绿洲，像这种绿洲环抱沙漠的景象是不是让你觉得奇怪？其实，在50年前，这座沙丘的四周还是一望无际的毛乌素沙漠。当年的毛乌素沙漠总面积约4.3万平方千米，是全国排名第四的沙漠，比著名的腾格里沙漠还要大一些。

现在，经过几代人的不懈努力，毛乌素沙漠已经被我们从地图上抹去，成了全世界第一个彻底被人类征服的沙漠，而前文提到的那座沙丘，正是鄂尔多斯人为了纪念那些顽强不屈的治沙英雄们而故意留下的天然纪念碑。当然，光靠治沙英雄们的勇敢和坚持，还不足以征服沙漠，同样需要我们铭记的，还有那些帮助我们征服沙漠的植物。

说到耐旱的沙漠植物，我估计很多读者会立即想到仙人掌。但它的耐旱本领与本章的三位主角：胡杨、梭梭和柽柳，完全不在一个层次上。仙人掌生长的地区并非严格意义上的沙漠，那些地区的年降水量其实并不算很低，而且一早一晚常常有凝结在土壤表面的露水。仙人掌一般是依靠浅且发达的根系收集来自地表的水分。

但是，胡杨、梭梭和柽柳则完全不同，它们需要征服的都是地球上极度干旱的区域。这些地方的年降水量往往只有几十毫米。比如，塔克拉玛干沙漠的年平均降水量就在70毫米，而柴达木盆地则更夸张，年平均降水量在50毫米。如果只靠下雨给土壤带来的那点水分，植物根本没法存活。

胡杨、梭梭和柽柳这三种植物，不仅长相不同，亲缘关系也相去甚远。物种的分类从大到小是门、纲、目、科、属、种，这三种植物只是同属于双子叶植物纲，连下面的目都是不同的。它们唯一的相似之处就是都具有超强的耐旱能力。

2019 年，美国国家航空航天局（NASA）发布了一项基于卫星地图的研究，研究成果显示，地球的绿化面积在过去 20 年里共增加了 5.18 亿公顷[1]。这个面积差不多相当于 315 个北京或 825 个上海。其中，中国创造的新增绿化面积占了全世界新增总量的 1/4，相当于 200 多个上海那么大。

按照贡献比例，中国的成绩在全世界遥遥领先。仅在 2019 年，中国就完成了 700 万公顷的植树造林，这相当于我们用了一年就把 11 个上海那么大的荒漠变成了绿洲。在一般的荒山上搞绿化，种什么树种问题都不大，但到了干旱的沙漠，就非得被称为"大漠三杰"的胡杨、梭梭和柽柳出手不可了。

大漠三杰中，胡杨的名气最大，也是沙漠中最重要的乔木。

早在 1.35 亿年前，胡杨就已经在古地中海沿岸的干旱地区出现了[2]。目前，全世界超过 90% 的胡杨树都生长在中国，而中国超过 90% 的胡杨树都生长在新疆。

在干旱炎热的沙漠中生活的胡杨，就像是一家开在人烟稀少的村庄旁的小超市。这家小超市想要活下去，首先要考虑的就是节流。从房租到水电费，没有任何支出不需要节省，人员最好也不要雇了，老板亲自上阵就行了。

所以胡杨对抗干旱炎热的第一样本事就是节流。它们新长出来的嫩叶，形状是细长的，看起来就像是一轮弯弯的月牙。这种形态的好处就是可以

1　Chen *et al.* (2019) China and India lead in greening of the world through land-use management. *Nature Sustainability*, (2) 122–129.

2　胡杨，大自然塑造的英雄树 . (2019–4–23). 国家林业和草原局政府网；中国绿色时报 .

沙漠中的胡杨树

有效减少水分的蒸发。

这些月牙形状的新叶，随着生长逐渐成了光合作用的主力。这时候，叶片会逐渐变成圆形，看起来就像是阴历十五的圆月，这种变化能让叶片捕获到更多的光照。当叶片渐渐老化后，这些圆圆的叶片周围会长出很多如同枫叶一样的缺口，这样的变化可以有效地帮助胡杨节约老叶片蒸腾带来的水分消耗[1]。这三种不同形状的叶子会同时出现在同一株胡杨树上，胡杨树也因此获得了三叶树、变叶杨的称呼。

不过，光是减少水分消耗还远远不够。胡杨生活的地方可不是自古就是陆地的。如果追溯到白垩纪早期的恐龙时代，我国的西部地区有很大一部分都是浸泡在海水里的。现在的塔里木盆地几乎就是气候干旱的代名词，但是在恐龙时代它应该被叫作塔里木海。

西部地区温暖潮湿的气候一直持续到 8 000 多万年前的白垩纪晚期才

1　潘莹萍，陈亚鹏，王怀军等 . 胡杨 (populus euphratica) 叶片结构与功能关系 [J]. 中国沙漠，2018，38(4) : 7.

宣告结束。随着印度洋板块不断地向北漂移，一直持续至今的喜马拉雅造山运动在亚欧板块的交界线上开始了。两大板块持续的挤压和碰撞使青藏高原的高度迅速攀升，变成了今天我们熟知的"世界屋脊"。

印度洋温暖潮湿的季风从此止步于高耸的喜马拉雅山脉，再也过不来了，我国西部的大部分地区也随之变得十分干旱。所以曾经有人大胆地提出，只要在喜马拉雅山挖出一个缺口，让印度洋的暖湿气流能够流进来，就能彻底改善青藏高原的气候。当然，这种想法也只能用"疯狂"来形容，因为人类目前拥有的力量还远远不够以这样的规模来改造自然。

正因为塔里木盆地曾经是海洋，所以那里的地层中储藏了巨量的盐分。这类沙漠的地下水和暗河中，流淌的可不是甘甜的淡水，而是又苦又涩的咸水。塔里木当地的地下水盐分最高的区域差不多有 2 倍的生理盐水的浓度，但这种恶劣的环境丝毫没有影响到胡杨的生存[1]。

20 世纪 60 年代有科学家提出了"渗透假说"，试图揭示胡杨在盐碱地里健康生长的奥秘。科学家发现胡杨的茎叶上布满了可以把盐分排出体外的泌盐腺，这让胡杨细胞可以保持稳定的渗透压，这很可能就是胡杨能够耐受盐碱的秘密武器。

这个假说听起来非常合理，但是有个问题：在高盐分的环境中还能维持正常的生理机能，这对于植物细胞来说是一件很不寻常的事情，而渗透假说并没有尝试解释这个问题。

2013 年，我国植物学家周功克带领他的研究团队，在胡杨的 DNA 中找到了一组特殊的基因，这组基因改变了胡杨细胞的液泡膜的结构，让细胞质内的盐分可以通过薄膜进入到液泡内部，液泡中的盐分则可以通过泌

---

1 Gu, R., Fonseca, S., Puskas, L. G., Hackler, L., Zvara, A., Dudits, D., & Pais, M. S. (2004). Transcript identification and profiling during salt stress and recovery of Populus euphratica. *Tree Physiology*, 24(3), 265–276.

盐腺这样的器官排出胡杨体外。自始至终，胡杨的细胞质都保持着相对较低的盐分浓度，这就保护了其他的细胞器不受盐分的伤害。研究到这个深度，胡杨耐受盐碱的超能力才算是彻底被人类揭示和理解。

胡杨通过泌盐腺排出的物质会在树体表面形成黄棕色的结晶，当地人把这些结晶叫作"胡杨泪"。"胡杨泪"的主要成分就是碳酸钠（苏打）。当地人会收集这些胡杨泪用来和面、洗衣服甚至当作胃药，这也算是胡杨给人类的另外一种馈赠吧。

胡杨树的根系可以深入 4～5 米的地层深处。不过，在大漠三杰中这个水平只能排第三。所以，胡杨虽然拥有一身的本事，但如果遇到河流改道、地下水层下降等情况，它们也可能会因为缺水而死亡。

但死去的胡杨并不会因此而倒下，它们会凭借强大的根系继续屹立在沙漠中。在干旱的环境中，胡杨木会维持上千年不腐不坏。考古学家在研究丝绸之路的时候，会把胡杨林的遗迹当作寻找文明的重要线索。因为古代的文明必定是逐水草而居，而有水的地方就必然生长着胡杨。从楼兰到敦煌，虽然数千年的岁月会抹去一切文明的痕迹，但是胡杨树的遗迹却仍保留下来，成为古代文明的千年地标。

"生而不死一千年，死而不倒一千年，倒而不朽一千年。三千年的胡杨，一亿年的历史。"这样的称赞，对胡杨来说，一点都不为过。

相比较胡杨，梭梭树对大家来说就显得比较陌生了。但论起耐旱的本事来，梭梭树的表现却比胡杨更胜一筹。梭梭树的根系可以轻松抵达 8 米的地层深度，所以在某些地下水比较深的地方，胡杨树都活不了，但梭梭树却能生长得很好[1]。

胡杨为了节约水分，它的叶子从出生到死亡，会呈现出 3 种不同的状态。然而，梭梭树作为干旱沙漠中的一名优秀创业者，在节约这件事情上

---

1 *Haloxylon spp-Various*. Plants For A Future.

死去的胡杨千年不腐

做得比胡杨更加彻底。梭梭树为了降低水分蒸发，干脆舍弃了树叶，直接靠当年新生的嫩枝进行光合作用。

梭梭树的这个生存策略非常奏效。没有树叶，也就省去了每年落叶带来的额外消耗。退化成鳞片的叶子不仅减少了自己的水分蒸腾，还能帮助嫩枝进一步锁住水分。这套策略可以说是节约到家了。随着梭梭树的嫩枝日趋成熟，枝条也会逐渐木质化，最后变成与树干相同的棕色。木质化的树干会永久地成为梭梭树的一部分，但是嫩枝则可能因为干旱而被迅速舍弃。如果梭梭树遇到季节性的地下水枯竭，它们会迅速地抛弃掉嫩枝，进入一种休眠状态。等到地下水的水位回升，它们又会恢复生机。

这个行为非常像是那种不准时开门的农村小店。没有顾客的时候，店主就会关门闭店，自己去忙点农活。小店的门口常常会贴上一张纸条，写上店主的手机号码和一个提示："老板就在附近，买东西打电话。"这种策略在难以生存的旱季，更彻底地解决了节约这个大问题。

更值得一提的是，梭梭树的种子在这种恶劣的环境里也表现出了出众

沙漠中的梭梭树

的适应能力。梭梭树有着超级强大的深根系，可以从地下水层中获得水分。可糟糕的是，沙漠表面的沙土总是非常干燥，种子掉在沙土表面并不会有地下水的支持，那么这些幼小的种子该如何存活呢？

　　别担心，梭梭树的种子也是有它的看家本领的。这些种子有着很强的吸水能力。它们对水非常敏感。哪怕只有一滴雨滴在种子上，种子都能够感觉到。感觉到雨水后，这些种子就立即开始吸水膨胀，准备发芽。这个过程是不可逆的，一旦它们开始吸水，就没有回头路可以走。如果真的只有一滴雨水，那么种子的最终命运很可能就是死亡。

　　不过，沙漠里虽然干旱，大多数时候也不至于只有一滴雨掉到种子上。种子吸饱水后，就会立即发芽。从吸水到发芽，整个过程会在 2～3 小时内完成。事实上，梭梭树的种子是世界上发芽速度最快的种子，没有之一。

　　种子发芽之后，它们的根系就会一直向下生长，顺便把刚刚下雨渗入沙土的水分一路扫荡干净。幼小的梭梭树根，就是用这种红军长征式的生长方式，就地取材，收集水分，在极短的时间里把根基扎牢，成为沙漠里

　　　　　　　　　　　　　　　　　　　　　　　　　　　疯狂的植物

一株顽强的生命。

梭梭树就是靠着这些技能，在我国的新疆、甘肃、青海等西部地区扎下根来。它们的嫩枝水分充足，养活了牧区的大量牛羊，而它们主动脱落的枝条则含水量很低，很容易燃烧，是当地牧民的主要燃料。牧民们无须砍伐梭梭树，只要弯腰拾起自行脱离的梭梭树枝，就可以点燃篝火了。数千年来，这些梭梭树休眠前脱落的树枝，化作一堆堆熊熊燃烧的篝火，陪伴着牧人们度过了一个又一个寒冷的夜晚。

说完了梭梭树，我们再来说说大漠三杰中的老三——柽柳。

柽柳这个名字虽然又奇怪又陌生，但它的本事可一点也不差。柽柳几乎拥有胡杨和梭梭二位兄长的全部本领，还有过之而无不及。

首先，柽柳的叶片也退化成鳞片状，可以保持水分；其次，它也有着不亚于胡杨的抵抗盐碱的能力，这让柽柳的分布更广；再次，在根系深度上，柽柳的能力远超二位兄长，它的根系可以下达 10 米以上的土壤深度；最后，柽柳的种子虽然比不了梭梭，但也有遇水迅速发芽的好本事。

不过，柽柳最厉害的还不是上面这些，它的看家本领是开花。柽柳一年中能够多次开花，花期从早春 4 月一直持续到 9 月，几乎覆盖了所有可以开花的时间。柽柳花的样子，就像是一根倒吊着的紫色的狗尾巴草。这根"狗尾巴草"可不是一朵花，那是一个由上千朵小花组成的花序。每一根"狗尾巴草"上都能产出上千粒的种子。当种子成熟时，它的顶端会张开一把小伞，这些种子就会像蒲公英一样，借助风力飞到很远的地方去。

如果不是沙漠恶劣的环境限制了柽柳的存活率，柽柳绝对拥有一流的抢占土地资源的能力。柽柳曾经因为枝干遒劲、极具观赏价值而被当作园艺植物引入美国。现在，它已经占领了大片土地，成为让美国人头痛的入侵物种了。

柽柳的嫩枝是不亚于梭梭树的优质饲料，是山羊非常喜欢的食物。有

柽柳的花

意思的是，新疆有一种名叫红柳大串的特色美食，就是用柽柳的枝条来烤这些吃着柽柳长大的山羊。那绝对是新疆最值得一吃的美味。山羊吃柽柳长大，又被柽柳烤熟，有没有一种"本是同根生，相煎何太急"的感觉呢？

除了大漠三杰这三种名气比较大的植物，还有诸如沙棘、骆驼刺、侧柏、油松等植物，也为我们国家的沙漠治理立下了不小的功劳。外国人经常说中国是基建狂魔，其实在绿化方面，中国同样也是种树狂魔。据测算，如果在全球范围内改造 5 亿公顷的沙化土地，就能多吸收掉全世界 1/3 的碳排放[1]。

不知道你会不会想，既然这些植物这么厉害，我们能不能用消灭毛乌素沙漠的劲头，把西北的沙漠戈壁全部都消灭掉呢？对于这个问题，科学家们给出的答案是：不能。因为，不同沙漠的成因是不一样的，下面我们

1　特木钦，王占义.浅析荒漠治理与气候变化的相互影响——以库布其荒漠治理为例 [J]. 林业经济，2019, (03)：87-92.

　　　　　　　　　　　　　　　　　　　　　疯狂的植物

就来认识以下三种不同的沙漠。

第一种沙漠，是地表植被遭到破坏而导致的。

人类在生存和发展的过程中，必然要向大自然进行索取。开垦、放牧以及城市建设都会对自然环境造成破坏。为了让你容易理解，我这里用放牧来举例。正常情况下，只要放牧的牛羊没有超出草场的承载能力，那么草场总能自我修复。但是，一旦平衡被打破，就会出现新生的草不够牛羊吃的状况，这就导致更多的草被吃掉，能够存留下来的草籽也会更少。雨水的冲刷会带走土壤中的营养物质，这会进一步让草场失去肥力，导致新生的小草更少。恶性循环一旦开始，土地就会不可避免地朝着沙漠化的方向发展了。这时候，即便我们停止放牧，也不一定能阻止土地的沙化。

根据我国 2015 年公布的《中国荒漠化和沙化状况公报》，我国共有沙化土地 172 万平方千米，相当于我们国土面积的 1/6[1]。不要以为这样的沙漠化只会在干燥的西部地区产生，只要人类的行为不当，即使是潮湿多雨的海南地区，也一样会出现土地沙化的现象[2]。

因地表植被遭破坏而产生的沙漠，用植树造林，甚至用种草的方法就可以解决。地区的降雨越丰富，战胜这些沙漠就越容易。可以说，由于地表植被破坏而形成的沙漠，最容易被征服。

第二种沙漠的特点，就是降水不少，但是蒸发更多。

本文中的毛乌素沙漠就属于这一类。毛乌素沙漠的年降水量大约有 400 毫米，这个降水量比起塔里木盆地可多得多。但是，这里的日照非常充足，一年的蒸发量可以达到 3 000 毫米。这么大的蒸发量，任你下多少雨都得蒸发掉，什么都剩不下来。这种沙漠最初就是因为留不住水分而逐渐形成的。

1　中国荒漠化和沙化状况公报 . (2015). 国家林业和草原局政府网 .

2　林培松 , 李森 , 李保生等 . 近 20 年来海南岛西部土地沙漠化与气候变化关联度研究 [J]. 中国沙漠 , 2005, (01)：27-32.

治理这种沙漠，光种树是不行的，因为这种地方常年没有任何植被，所有的水分都蒸发光了，种树根本就种不活。你总不能靠拎着水桶浇水来治理沙漠吧。

不过，科学家们通过研究沙漠里的梭梭树和柽柳，找到了治理沙漠的好办法。科学家们发现，在沙漠中的树木的树冠底下，生物的多样性会远远高于邻近的裸露区域。树冠下面的草本植物比其他地方更加茂盛，连微生物和昆虫的数量也会明显增加。科学家们测量了树冠下面土壤里的有机物含量，发现这里的有机物明显多于其他地区，于是就把这种现象起名叫"肥岛效应"。

这个现象其实也很好理解，这不就是"大树底下好乘凉"嘛。梭梭树脱落的嫩枝可以养活更多的昆虫和微生物，而昆虫则可以吸引到鸟类，鸟类的粪便又是极好的肥料。树下的草木自然也不需要那么强烈的蒸腾作用去满足自己的生存需求，反过来提高了水分的利用率，在沙漠中形成了一个适宜生存的小环境。所有这些有机物逐渐进入土壤后，又会再次被植物吸收，推动新一轮的良性循环。

不知道你发现没有，这个良性循环的开端，并不是某一种活着的生物，而是被梭梭树抛弃的那些嫩枝，它们曾经是植物的一部分，但却不需要消耗任何能量。在植物界，这种现象比比皆是。死亡的苔藓可以吸收水分，让活着的苔藓保持湿润。死亡的树木组织不消耗能量，却能提供支撑大树的功能。在本文的例子中，死亡的梭梭树的树枝开启了有利于生物群落的肥岛效应。

所以，想要治理沙漠，我们根本没有必要先在沙漠上种树，完全可以把没有生命的干草埋在沙丘上，把肥岛效应启动起来。这个治理沙漠的手段，就是中国首创的"草方格"。

草方格，就是用 10～20 厘米高的麦草，编织成一连串像是棋盘一样的方格子，然后半埋到沙丘里去。这些草方格里的草并不是活的，但是它们却能够阻止沙丘的移动，同时逐渐腐烂，产生肥岛效应。用草方格固定沙丘后不久，当地的一些顽强的草本植物就会逐渐繁荣起来。地被植物的增加，让当地的水分蒸发大大减少，地下水逐渐积累。这时候，再种上胡杨、梭梭和柽柳这些顽强的树种，就很容易种活了。毛乌素沙漠也是被我们用这样的方法逐渐攻克的。

第三种沙漠，就是我国新疆地区这种年降水量只有几十甚至十几毫米的超级干旱的地区。这些地区由于总降水量实在太低，即便我们把土地的蒸发量降到最低，依靠这么一点点降水也很难养活更多的树木，即便这些树是胡杨、梭梭和柽柳也无济于事。面对这样的地区，我们唯一能做的就是保护现有的生态，创造更大面积的绿洲而已。

通过本文，我们认识了顽强的大漠三杰，也理解了沙漠形成和治理的基本原理。更重要的是，我们看到了大漠三杰是如何在资源极端匮乏的状况下，逐渐改变周边环境的。

荷花与睡莲，水面上的争夺战

1914 年 7 月的一个凌晨，时间刚过 3 点，法国小镇吉维尼仍然笼罩在漆黑的夜色当中。月亮已经落下，启明星在东方的天边上亮得耀眼，星光下是一个泛着微波的水塘。水塘边的草丛里偶尔传出一两声的虫鸣，衬托着黎明前的寂静。

一位老人在夜色中醒来。他静悄悄地起身，生怕惊醒周围熟睡的一切。自从妻子和儿子相继去世后，他就养成了早起的习惯。老人穿好外套，把垂到胸前的长胡子梳理整齐，戴上礼帽出了门。

老人慢慢走过一座日式小桥，然后在池塘边坐下。他久久地凝视着水面，看着池塘里的睡莲和小桥的倒影渐渐地在黎明中显现出来。过去的 30 年，睡莲一直是老人生命中最重要的东西，它代表了老人生命中不断涌动的激情。

太阳出来了，阳光在池塘的水面上洒下一片金红色。老人站了起来，习惯性地整理了一下笔挺的浅灰色套装，扶了扶礼帽，慢慢走回到那座日式小桥上面。老人双手扶着小桥的木质栏杆等待着，他知道，用不了多久，池塘里的睡莲就会醒来，然后慢慢地绽放开来，这正是老人每天早晨等待的时刻。

不知道你有没有猜到故事里这位每天守候着睡莲开花的老人是谁？他不是植物学家，也不是园艺师，他是印象派绘画的开创者，大名鼎鼎的画家莫奈[1]。

与很多画家一样，莫奈的前半生一直都在与贫穷作激烈的斗争。幸运的是，莫奈的第二任妻子爱丽丝相当富有，让莫奈过上了无忧无虑的创作生活。莫奈 43 岁时，一家人在法国小镇吉维尼买下了一片土地，建造了一个有池塘的花园，种上了他最喜欢的睡莲[2]。

种植着睡莲的池塘

---

1 Seitz, W. C. (1999, July 28). Claude monet. *Encyclopedia Britannica*.

2 Routhier, J. S. (2019, October 22). *Claude Monet: The Truth of Nature*. Antiques And The Arts Weekly.

疯狂的植物

很多人都知道，《睡莲》是莫奈最负盛名的绘画作品，但是很多人都不知道，莫奈差不多用了 30 年的时间，坐在池塘边画睡莲。他至少有 200 幅作品，主题都是门前池塘里的睡莲。

莫奈不仅画了很多睡莲，他还是一名睡莲品种收藏家。他委托朋友在全世界收集睡莲，甚至还专门托人从遥远的东方带回了日本睡莲和中国特有的荷花。为此，他专门请工匠打造了一座日式木桥，然后把这些来自东方的品种种植在木桥旁边。

在普通人眼里，荷花与睡莲非常相似。它们都生活在水里，有着碧绿的圆形叶片，开着艳丽的莲座形花朵，可能最大的区别，就是睡莲的花朵比较小巧，而荷花的花朵比较大吧。

但只要你仔细观察，就能发现荷花与睡莲之间有着相当大的差别。比如，荷叶是一个完整的圆形，而睡莲的叶片有一个缺口；荷花的花心里是一个围绕着雄蕊的莲蓬，而睡莲的花心里则是重重叠叠的花蕊……

荷花

这些差别即便是指给普通人看，也是相当明显的。但是，爱花如命、对花朵的形态格外敏锐的画家莫奈，却奇怪地忽略了种植在日式小桥旁边的荷花。在莫奈眼里，荷花与睡莲似乎并没有什么区别。

同样奇怪的事情也发生在植物分类学的祖师爷林奈身上。林奈给植物分类的重要依据就是雄蕊和雌蕊的类型、大小和数量。但是，在看过荷花和睡莲的外观形态后，林奈竟然破天荒地打破了他的基本原则，把荷花归入了睡莲目，让荷花成了睡莲的亲戚。

如果说，林奈只是因为工作繁忙一时疏忽，才把荷花和睡莲归类到了一起的话，那么后面发生的事情就难以理解了。在林奈之后的很长一段时间里，荷花都一直待在睡莲目，没有任何人意识到这个错误。

直到 1955 年，才有生物学家对荷花与睡莲的亲缘关系提出了质疑。质疑的人是就职于美国宾夕法尼亚大学的华裔生物学家李惠林。李教授发表论文指出，荷花和睡莲之所以在外形上有很多相似性，只是它们为了适应水生环境而发生了趋同演化的结果。为了证明他的结论，李教授列举了很多生理结构特征方面的例子，这些特征表明，荷花与睡莲不仅不是亲戚，而且很有可能是亲缘关系非常远的两种植物[1]。

比较遗憾的是，在李惠林教授发表论文的年代，DNA 双螺旋结构才刚刚被发现两年，基因还没办法成为研究生物起源和亲缘关系的有效工具。所以，李惠林教授的观点最终只能停留在假说的层面，没能成为事实。

1998 年，把分子生物学作为主要证据的《被子植物 APG 分类法》正式出版。在 APG 分类法中，植物分类学家根据基因的继承关系，把所有的被子植物分成了 40 个目和 462 个科。至此，荷花终于和睡莲划清了界限，找到了自己正确的家族，也就是山龙眼目的莲科植物。荷花在植物界是非

1　Li, H.-L. (1955). Classification and phylogeny of nymphaeaceae and allied families. *American Midland Naturalist*, 54(1), 33.

常孤单的，因为全世界只有两种莲科植物：原产于亚洲的荷花和原产于美洲的黄莲。如果非要在植物界里给荷花找个远亲的话，那么高大挺拔的法国梧桐可能就是它最近的亲戚了。

原产于美洲的黄莲

你以为荷花与睡莲的恩怨故事讲完了吗？远远没有。就在荷花找到正确家族的同时，原来位置明确的睡莲却迷失了方向。由于睡莲科的基因极为独特，导致植物学家们根本没办法找到一个正确的分支来安放睡莲。在第一版 APG 系统中，睡莲成了一个没有办法归类的悬案。

在科学研究中，任何不符合现有规律的特例都会成为科学家们争夺的热点。因为当例外出现时，要么是对这个例外的研究出错了，要么就是整个规则都错了。无论是前者还是后者，都意味着这是一个能出成果的地方。

随着研究的不断深入，科学家们发现，睡莲这种植物有着非常神奇的经历。睡莲也许可以回答一个困扰了植物学家几百年的大问题：被子植物到底从何而来？

在自然界里，被子植物是绝对的主流。但是我们并不知道，被子植物是何时演化出来的，又是如何异军突起成了最主流的植物类型。在植物学领域，被子植物的起源是一个必须被认真对待的问题。因为被子植物与裸子植物之间，有着明显的演化断层。被子植物最大的特点就是花朵，到底是什么样的环境剧变让植物发明了花朵呢？

达尔文在给英国植物园园长的一封信中，就提出过这个问题。达尔文在信中把这个问题称为"恼人之谜"[1]。这还能延展出很多其他的问题，比如属于禾本科的草和会开花的树，到底哪类植物出现在地球上的时间更早呢？

科学家们发现，睡莲大约起源于一亿三千万年前的白垩纪早期，它的历史非常古老[2]。在现存的被子植物中，只有一种叫作无油樟的树木，出现的时间略早于睡莲。无油樟只存在于大洋洲的新喀里多尼亚岛上。无油樟的花朵不仅小，而且还非常原始，它们身上的很多特征都处在裸子植物向被子植物演化的过渡阶段。它们是目前所知的最早的被子植物。

无油樟的发现证实了一件事：被子植物起源于陆地，而诞生于无油樟之后的睡莲，就必然经历过一次从陆生到水生的尝试。荷花出现的时间比睡莲要晚得多，大概是在白垩纪之后（6 500 万年前）[3]。荷花的祖先也曾经生活在陆地上，它们也经历过从陆生到水生的尝试。

经过多次修订，在 2009 年 10 月发布的第三版 APG 分类系统中，植

1　Li, H.-T., Yi, T.-S., Gao, L.-M., Ma, P.-F., Zhang, T., Yang, J.-B., Gitzendanner, M. A., Fritsch, P. W., Cai, J., Luo, Y., Wang, H., van der Bank, M., Zhang, S.-D., Wang, Q.-F., Wang, J., Zhang, Z.-R., Fu, C.-N., Yang, J., Hollingsworth, P. M., ⋯ Li, D.-Z. (2019). Origin of angiosperms and the puzzle of the Jurassic gap. *Nature Plants*, 5(5), 461−470.

2　Angiosperm Phylogeny Group, Chase, M. W., Christenhusz, M. J., Fay, M. F., Byng, J. W., Judd, W. S., ... & Stevens, P. F. (2016). An update of the Angiosperm Phylogeny Group classification for the orders and families of flowering plants: APG IV. *Botanical journal of the Linnean Society*, 181(1), 1−20.

3　Estrada-Ruiz, E., Upchurch, G. R., Jr., Wolfe, J. A., & Cevallos-Ferriz, S. R. S. (2011). Comparative morphology of fossil and extant leaves of nelumbonaceae, including a new genus from the late cretaceous of western north america. *Systematic Botany*, 36(2), 337−351.

疯狂的植物

物分类学家为原来找不到分类的无油樟和睡莲都分配了独立的目，也就是无油樟目和睡莲目。它们作为最古老的被子植物，终于在进化树上找到了自己的位置。

睡莲是目前我们所知的第一种适应了水生生活的被子植物。如果我们把睡莲从陆生到水生的过程看作是开拓一片全新市场的话，那么荷花就等于绕开了睡莲的所有专利，把睡莲曾经走过的路重新又走了一遍。

在植物的眼中，水生环境绝对算得上是一片蓝海。首先，水里没有高大的树木，阳光资源绝对充足；其次，水里的淤泥中蕴含着大量的养分，可以供给植物生长；最后，还有一点优势更是不言而喻：水生环境中绝对不会缺水。

根据《中国水生植物》这本书中的不完全统计，我国的水生植物大概只有 700 种[1]。你别觉得 700 种很多，要知道，我国的高等植物总数至少有 30 000 种，水生植物只占了 2% 多一点。

富饶的蓝海市场却没有多少竞争者，就凭这个现状，你就能明白水生环境这片蓝海的准入门槛有多高了。

虽然水生植物的数量并不多，但它们的起源却特别复杂，就像荷花与睡莲一样。很多水生植物的种类都是独立起源，也就是说，很多水生植物都经历过从陆生到水生的过程。

像荷花与睡莲这种长相相似，又没有亲缘关系的情况，生物学里叫作趋同演化：在相同的环境压力下，不同的物种表现出相似的外观特点。举个例子，旧大陆的狼和澳大利亚的袋狼，虽然亲缘关系非常远，但是长相却有类似之处。又比如北极的大海雀和南极的企鹅，分别身处地球的两极，却都不会飞，都有着黑白两色的体羽。那么，外形相似的荷花与睡莲，到

1　陈耀东等编 . 中国水生植物 [M]. 郑州：河南科学技术出版社，2012.

底谁在适应水生环境方面更胜一筹呢？

如果你在家里养过植物一定知道，无论什么植物，浇水的时候都有一个共同的要点，就是不能积水。一旦土壤积水，植物的根系就没办法正常呼吸，时间一长，根部的细胞就会腐烂坏死。

所以，我们给荷花与睡莲出的第一道考试题，就是看看在水中呼吸这个问题上，谁解决得更好。

说到呼吸问题，不同的水生植物有着自己的解决方案。根据解决方案的不同，我们可以把水生植物分成四个大类，那就是漂浮植物、沉水植物、浮叶植物和挺水植物。

在所有类型中，漂浮植物的行为是最好理解的。咱们拿最常见的漂浮植物——浮萍为例，浮萍的叶片漂在水面上，叶片上表面总是处在水面以上，而下表面则浸没在水中。这种结构让浮萍可以随时随地自由呼吸。

沉水植物的行为则是最怪异的。它们会把自己完全浸没在水中，不管是根部还是叶子，都在水面以下。我们经常在水族箱里见到的各种水草，都属于沉水植物。它们的生存方式，是让每一个表皮细胞都学会在水中进行气体交换，它们不仅要吸收水中的氧气，还要收集水中的二氧化碳。这种做法的缺点也很明显：溶入水中的氧气和二氧化碳毕竟不多，而且水下环境中的阳光也不够充足，这就导致沉水植物注定不可能生长得太快。

按照水生植物的分类方式，荷花与睡莲也不是同一类。睡莲的叶柄细弱柔软，这导致它们的叶子只能漂浮在水面上，这类植物被称为浮叶植物；而荷花有着中空而且结实的叶柄，这让它们可以把荷叶与荷花高高地举出水面，这样的形态，我们称之为挺水植物。

睡莲与荷花的根和茎都埋在水底淤泥中，它们都靠水面上的叶子呼吸。有所不同的是，如果水位上涨，导致睡莲所有的叶子都淹没在水中，睡莲就会开启水下呼吸的模式。这种情况下，由于水下的氧气和二氧化碳都不

　　　　　　　　　　　　　　　　疯狂的植物

睡莲

够充足，睡莲的生长速度也会像沉水植物一样放缓，但是睡莲并不会被水淹死。荷花就不行了，荷花的叶子并不具备在水下呼吸的能力，如果荷花的叶片被水淹没，很快就会枯萎腐烂，时间长了，荷花还有可能会被淹死。

不过，荷花面对淹水，也不是完全无能为力的。荷花的茎部（我们熟悉的莲藕）有着中空的结构，这些结构可以帮助莲藕保存一部分空气。冬天的时候，荷花叶子枯萎，莲藕就会休眠，它们会用很少的消耗在水下度过整个冬天。

总结一下就可以发现，水草这类沉水植物的水生生活是最彻底的，而荷花这种挺水植物则最接近陆生植物。浮萍这类漂浮植物，通过放弃扎根可以生长在任意深度的水中，比荷花的水生适应能力更好一些。睡莲的生态位则介乎荷花与水草之间[1]。从不会淹死这个问题上来看，睡莲显然略胜一筹。第一局，睡莲胜。

那么，如果把一株睡莲和一株荷花种在同一个池塘里，是不是睡莲就稳赢了呢？当然不是。

1　The Editors of Encyclopaedia Britannica. (1999, July 23). Water lily. *Encyclopedia Britannica*.

睡莲虽然更适应水生生活，但它占领水面的速度却不快。你可以把睡莲想象成一棵长在水中的灌木，它的每一片叶子都是从中心部位的块茎那里长出来的。睡莲的叶柄大约可以长到 2 米长，所以，在比较浅的水中一株睡莲可以形成一个直径 4 米左右的绿色小岛。但如果池塘很深，睡莲的叶子就需要向上伸展才能露出水面，这时它们的叶子能够覆盖的水面面积也会相应减少。

与睡莲相比，荷花占领水面的手段显然更加先进。你可能没有近距离地观察过荷花，但你肯定吃过莲藕，莲藕就是荷花埋在泥里的根状茎。一根莲藕可以长到 5 米，莲藕的每一个节上，都能长出新的分枝，每一个分枝也还能在节上再长出分枝。莲藕一边在泥里钻来钻去，一边从每一个节上长出根和叶子。靠着这种方法，它们用很短的时间就能占领池塘里所有水位合适的区域。

所以，从占领水面的速度来看，荷花凭借莲藕强大的繁殖能力，扳回了一局。如果不从专业的角度来看，荷花与睡莲的花朵确实非常相似，这也是很多人分不清荷花与睡莲的原因。

睡莲虽然并不是地球上开出的第一朵花，但它可能是地球上开出的第一朵足够艳丽的花，以至于让莫奈钟爱一生。

但毕竟睡莲出现得太早了，和现在常见的花朵相比，结构上就有许多不同，比如睡莲的花瓣越往内层就越纤细，会逐渐变成金黄色，最后彻底变成雄蕊。对于睡莲来说，控制花瓣和雄蕊的基因还没有完全分化出来，双方还是能进行互换。到了荷花的时代，荷花的花朵和大多数被子植物的花一样，花瓣和雄蕊的形态完全不一样，能进行明显的区分[1]。

1　Taylor, D. W., & Gee, C. T. (2014). Phylogenetic analysis of fossil water lilies based on leaf architecture and vegetative characters: Testing phylogenetic hypotheses from molecular studies. *Bulletin of the Peabody Museum of Natural History*, 55(2), 89–110.

在睡莲的时代，睡莲已经演化出来了花香，这是非常不容易的。比它更早的无油樟不仅花平淡无奇，更重要的是没有香味。睡莲的花已经可以释放至少 11 种具有不同芳香的成分，主要成分是脂肪酸和倍半萜等[1]。这在当时确实是了不起的发明。依靠着这些气味，即使过了上亿年，睡莲依旧可以招蜂引蝶，吸引昆虫前来帮助它进行授粉。荷花则"发现"依靠香味这条道路是对的，它的花中含有的芳香成分多达 79 种，其中主要是醇类和芳香烃[2]。正因如此，还专门有一种制作荷花茶的方法，就是把茶叶放在荷花的花蕊中过夜，第二天把茶叶拿出来的时候，茶叶就已经带上了荷花独特的清香。

睡莲似乎发现了自己的气味并不足以完全取得昆虫们的信赖，所以它们还会设置陷阱让昆虫们上钩。睡莲科下面有一类睡莲特别奇特，这就是王莲属的植物。这类植物最大的特点就是它们有着巨大的叶片，最大的叶片直径甚至可达 3 米，是名副其实的水中最大的叶片[3]。至于是不是植物界最大的叶片，现在还有争议，因为一些棕榈科植物的叶片同样很大。但无论如何，王莲都当之无愧是水中的王者，承重几十斤是绝对没有问题的。在王莲叶片内部，叶片和叶脉内有很多的空腔，腔内充满空气，就像一艘气垫船一样，让叶片可以漂浮在水面。如果大家去植物园看过王莲叶子的背面，恐怕会因为密集而感到不适，因为在王莲叶子的背面是无数密密麻麻的尖刺，这些尖刺可以让水中想以它的叶片为食的水生动物根本无从下嘴，王莲借此保护了自己。

王莲更加神奇的是它设置陷阱的方式。王莲的花在水下开始孕育，一

1　Mostafa, S., Wang, Y., Zeng, W., & Jin, B. (2022). Floral scents and fruit aromas: Functions, compositions, biosynthesis, and regulation. *Frontiers in Plant Science*, 13.

2　郭兴峰 . 荷花化学成分和抗氧化活性研究 [D]. 泰安 : 山东农业大学 , 2010.

3　Box, F., Erlich, A., Guan, J. H., & Thorogood, C. (2022). Gigantic floating leaves occupy a large surface area at an economical material cost. *Science Advances*, 8(6).

旦成熟后花蕾就会钻出水面等待绽放。由于受着基因的控制，所以睡莲科的植物大多都有昼开夜合的习性，王莲也不例外。在王莲花绽放的第一天晚上，雌蕊柱头已经成熟了，但是雄蕊还没有发育完成，这就避免了自花授粉。此时的王莲会散发出浓烈的花香，吸引甲虫类昆虫的注意。

之所以帮助王莲的对象是甲虫，是因为王莲的心皮上产生的是淀粉类的物质，而不是花蜜和花粉。此时王莲花的内部还会开始放热，中央区域的温度可以比环境温度高上好几度。这样既温暖又有食物的环境，自然让甲虫乐不思蜀，愿意在王莲的花房内留宿。但甲虫没有想到的是，一旦清晨到来，王莲的花就开始逐渐闭合，原本舒适的房间此时就变成了囚笼，甲虫被关在了花房内。此时王莲的雄蕊花药开始成熟，散发出花粉，甲虫在手足无措四处乱爬的时候，身上就会沾满王莲的花粉。

当第二天傍晚到来，王莲的花会重新打开，甲虫得以逃出生天。此时，王莲的花卉从白色开始变成粉红色，并且不再散发出香味，对昆虫不再有吸引力。逃跑的甲虫会禁不住诱惑，再次钻入别的刚刚绽放的王莲花房里，再一次做了阶下囚。也就在这个过程中，王莲完成了异花授粉。第三天王莲花的颜色会变得更深，然后就逐渐凋谢，子房沉入水中，开始结果的过程[1]。

果实的区别，同样是荷花和睡莲非常大的不同。睡莲在水中孕育出来的是一个球形的浆果，外形像一个石榴，睡莲的种子就在里面，种子也特别小；而荷花的果实我们就非常熟悉了，也就是露在水面上的莲蓬，这种结构被称为聚合果，莲子镶嵌在莲蓬之中。从这一点上，荷花还是暴露了自己的祖先生活在陆地的痕迹：繁育后代的过程在空气中进行，而不是像睡莲一样在水中。

睡莲的种子有一层坚硬的外种皮，但是内部缺少胚乳。睡莲种子需要

1 Seymour, R. S., Matthews, P. G. D. (2006). The Role of Thermogenesis in the Pollination Biology of the Amazon Waterlily Victoria amazonica. *Annals of Botany*, 98(6), 1129–1135.

王莲

在水中才能保持比较久的寿命，但往往也只有几年 [1]。虽然睡莲种子的寿命已经不算短了，但比起莲子来说，确实是小巫见大巫。1952 年，我国的植物学家们在辽宁普兰店发现了很多保存完好的古莲子，据推测这些古莲子的历史至少有 1 000 年。植物学家们小心翼翼地把这些古莲子进行了处理，结果没几天后，这些沉睡了千年的古莲子竟然发芽了！几个月后的夏天，古莲子如期开出了荷花，我们现代人得以目睹宋朝时期的荷花的形态。为什么莲子可以在地层中埋藏几百年甚至上千年，依然保持生命的活性呢？

最主要的原因莫过于莲子的外种皮非常坚硬，可以隔绝水和气体的进出，并且里面还有一种非常耐腐蚀的特殊物质，因此外界环境对种子内部的结构不会造成直接的影响。除此之外，莲子中含有几十种热稳定蛋白，这些蛋白可以耐受几十度乃至上百度的高温。当植物处于不利环境时，这些

1　Dalziell, Emma. (2016). Seed biology and ex situ storage behaviour of Australian Nymphaea (water lilies): Implications for Conservation.

蛋白还可以协调其他蛋白行使正常的功能。同时，莲子中还含有大量的不饱和脂肪酸、抗坏血酸等物质，它们同样可以帮助莲子保持稳定的状态[1]。

正是莲子的这一系列"黑科技"，才让我们有机会目睹宋朝时期的荷花，让我们和宋朝人看到同样的"小荷才露尖尖角，早有蜻蜓立上头"的景象。凭借着莲子的超长寿命和出色的发芽率，荷花又扳回一分。

这样看来，荷花和睡莲作为外形相似的水生植物，在淡水环境里的争夺也算是打了个平手。所以我们在公园的池塘中，才能轻易地既发现荷花也发现睡莲。这也说明，在植物的竞争中，没有永远的赢家，只要资源有限，就一定会产生竞争。也正是这样的竞争，才让自然界变得更加缤纷多彩。

白色毒液，20 万种植物的共同选择

1941 年 10 月，一场突如其来的飓风席卷了美国的佛罗里达州。虽然人们在风暴来临前已经做足了准备工作，但时速 190 千米的狂风依然毫不留情地摧毁了一切可以摧毁的东西。

约瑟夫·肯珀是一名知识产权律师。在工作之余，他还喜欢鼓捣花草。飓风过后，肯珀家的小院不出意料地变成了一片废墟。在风暴来临前，肯珀把种在门口的一棵高大的烛台树反复进行了固定，还打上了木质支架，但是这棵树最终还是被风刮倒了。

烛台树有一根结实的主干，上面的树冠向四周散开，然后再垂直向上生长。远看起来，它的样子真的就像是一个烛台。烛台树巨大的树冠上没有树叶，反倒长满了尖刺。肯珀知道，如果不动用吊车，想把这棵树重新种好恐怕很难了，不如干脆用斧头把树砍断，再分别扦插种植。

1　王振莲，赵琦，李承森等. 古莲的研究现状 [J]. 首都师范大学学报（自然科学版），2005, (02)：55-58.

烛台树

　　说干就干，肯珀很快找来了斧子，开始砍树。但是，当斧子劈中烛台树的一刹那，肯珀就看到一些白色黏稠的乳汁从斧子劈开的地方飞溅出来。肯珀甚至来不及眨眼，那些乳汁就飞进了他的眼睛里[1]。

　　顿时，肯珀觉得自己的眼睛里像是有一团火在燃烧。他忍着剧痛，不敢睁眼，摸索着花园里的水龙头。几分钟后，当他找到水龙头时，他的左眼已经肿了起来，红肿让他几乎没办法睁开眼睛。肯珀平躺在草坪上，把水龙头打开，用凉水直接冲在眼睛上，冰凉的感觉让他舒服了很多。

　　有好几次，肯珀觉得自己已经好了。但是，当他关掉水龙头站起来的时候，他的眼睛立即又开始疼痛起来。他没办法忍受那种疼痛，只好躺回到草坪上，继续用凉水冲洗眼睛。

　　后来，肯珀的妻子发现了他。得知了他的情况后，妻子用一个装着冰

　　1　Basak, S., Bakshi, P., Basu, S., & Basak, S. (2009). Keratouveitis caused by Euphorbia plant sap. *Indian Journal of Ophthalmology*, 57(4), 311.

水的袋子替代了水龙头，才终于把肯珀从草坪上救回了家。

很快，医生来了。经过诊断，肯珀的眼睑水肿，结膜充血，眼角膜上皮层已经受损脱落。肯珀受伤的眼睛几乎失明，只能模模糊糊地看到近处物体的轮廓。医生给了肯珀一些人工泪液，并嘱咐肯珀坚持冷敷。

第一个晚上简直是个不眠之夜，折磨肯珀的不仅是来自眼睛的疼痛，更是失明带来的焦虑。到了黎明时分，天色逐渐亮了起来，肯珀终于昏昏沉沉地睡了过去。

那些来自烛台树的乳白色汁液，在肯珀的角膜最下方留下了一个永久性的伤疤。不过，肯珀还是相当幸运的。在持续两个星期的治疗和恢复后，他的视力基本回到了受伤前的水平。角膜上的那个伤疤没有对他的视力造成实质性的影响。

烛台树是来自大戟科的植物，如果把它的茎部弄伤，就会有乳白色的黏稠汁液流出来。这些汁液当中，含有一种叫作二萜内酯的化学物质，这种物质对皮肤尤其是眼角膜具有强烈的刺激作用。如果让这种物质接触到眼睛，会对眼角膜造成严重的损伤。

假如肯珀没有在第一时间用水龙头冲洗眼睛，那问题可能会严重得多。在一些早期处理不当的病例中，患者常常会出现前葡萄膜炎和继发性眼压升高，这些确实都让患者面临失明的风险。

植物体内的有毒物质，无论是生物碱、成瘾性毒品还是致幻剂，或者仅仅是薄荷油这样的芳香物质，它们存在的意义都是帮助植物对抗外部侵害。但是，本章我还是要单独谈谈大戟科的植物。大戟科植物对于毒素的运用，已经形成了一种经典的模式。它们除了生产毒素之外，还会生产标志性的白色乳汁，来告诫动物们，自己可不是好惹的。

我们在生活中常常会遇到白色的乳汁，比如牛奶、椰汁和酸奶这些白色的液体。但是，如果从植物的茎部流出了黏稠的白色乳汁，恐怕任何人

疯狂的植物

都不会觉得这是什么好喝的东西。

　　牛奶之所以呈现为白色，是因为在牛奶中悬浮着无数个脂肪和蛋白质小颗粒，这些小颗粒反射的光波范围很宽，所以就让牛奶呈现出了白色。所以，只要是富含蛋白质的饮料，看起来都可能是白色的，比如豆浆和杏仁露。

　　但是，植物的蛋白质主要集中在它们的种子中，如果我们不把种子磨碎，就不会形成白色的乳汁。而植物茎部的主要功能是提供支撑作用和运送营养物质，所以正常的植物茎部的汁液都是透明的。如果植物的茎部能够流出白色的乳汁，一定会让动物们印象深刻。它们向动物传达的信息是：我很危险！

桦树的透明树液

　　大戟科有超过 8 000 种植物，它们中的绝大多数都能分泌白色乳汁，而且这些白色乳汁绝大多数都有毒性。这些白色的乳汁并不是某种特定的物质，它们是一种成分非常复杂的混合物。这些乳汁通常是由蛋白质、生物碱、淀粉、糖类和萜类物质组成的。这里的萜类物质，就是本章开篇故事中对肯珀的眼睛造成伤害的东西。

萜类物质通常由一种叫作异戊二烯的物质衍生而来。你可能对异戊二烯这个名字不熟悉，但是你肯定对异戊二烯的聚合物不会陌生，这就是天然橡胶。

橡胶树是大戟科橡胶树属的植物，也是世界上分泌白色乳汁最多的植物。

1493 年，刚到南美洲的哥伦布发现，当地的小孩会玩一种有趣的游戏。他们一边唱歌，一边互相扔一种弹力很大的小球。这种小球落地之后，可以反弹得很高。如果长时间捏在手里，小球会变得有点粘手，并且会有一股烟熏味散发出来。

后来哥伦布才知道，这种小球就是用橡胶树的树汁做成的。当地人用刀在橡胶树的树干上划个口子，很快就会有白色的乳汁流出来。当地人把这些白色的乳汁收集起来，再进行很简单的加工，就变成了小孩玩的这种弹力球了。哥伦布还发现，当地人除了用这些白色的乳汁制造玩具，还会把它涂在衣服和鞋子上，做成很原始的雨衣和雨鞋 [1]。

在很长一段时间里，未经处理的天然橡胶一旦变硬，就很难再重新塑形。它们在寒冷的天气里会变硬变脆，而在热天里则会变得黏糊糊的。所以，这种看起来神奇的材料在当时的实际用处却相当有限。

1768 年，一位法国科学家发现，橡胶可以溶解到一些有机溶剂里，溶解后的橡胶就像橡皮泥一样，可以根据需要重新塑造成各种形状。随后欧洲人就开始把橡胶制作成各种东西，橡胶的需求量开始猛增。

适宜种植橡胶树的巴西当之无愧地成了橡胶王国。当时的巴西垄断了橡胶树的种子资源，让橡胶成为最重要的出口商品。不过，正如中国人藏

1　Hellmuth, N. (2010, January 13). *Introduction to Rubber Usage among the Maya.*

不住茶叶一样，巴西人也没能守住橡胶树的种子。

1876 年，英国人威克姆（Henry. A. Wickham）扮演了一回植物大盗的角色。他深入潮湿多雨的巴西亚马孙雨林，把超过 7 万粒橡胶树种子带回了英国。种子被送到了邱园，由最有经验的园艺师精心培育。在园艺师的呵护下，其中的 2 400 粒橡胶树种子成功发芽，长成了橡胶树苗。

为了扩大橡胶的生产规模，英国人把橡胶苗带到了斯里兰卡、新加坡和马来西亚，橡胶树的种植规模每年都在扩大。但是，在采集橡胶方面，人们却遇到了不小的麻烦。当时的人们在采集橡胶的时候，会用斧子在橡胶树上劈出一个伤口，乳白色的橡胶就会从伤口处流出来。这种方法简单粗暴，但是用不了多久，橡胶就会凝固，然后停止流动。这就导致采集橡胶的工人没办法离开，他们必须在伤口旁边守着，如果橡胶停止流动了，就拿起斧子，再在树干上劈一下，橡胶就又流出来了。

想要阻止橡胶凝固，就得不断地在橡胶树上制造伤口，而橡胶树的树皮上如果伤口太多，就会因为无法传递养分而死亡。这个问题在很长一段时间里，都没能得到有效的解决。

出现这种情况的原因是所有能分泌乳汁的植物茎部都有一种叫作乳汁管的结构。乳汁管由一些被拉长的细胞组成。它们很像动物身体里的血管，这些管道遍布在植物的身体各处，乳汁可以在管道里自由流动。

当我们的皮肤被割伤的时候，血液就会流出来。这个时候，血液中的血小板会迅速地把伤口包裹起来，防止更多的血液流出。血液中的白细胞则会和进入血液的微生物进行斗争，防止感染的发生。细胞的分裂和生长需要较长的时间，血小板这种机制可以保护我们在受伤的状态下不至于失血过多。植物的整体构造虽然和人类很不一样，但乳汁管的存在同样是植物处理危机的应急预案。

当橡胶树的树干被割伤的时候，原本存储在乳汁管中的乳胶就会立即被释放出来，把受伤的伤口堵住。这个机制就注定了，橡胶树在被砍伤的时候不可能连续流出乳汁。一旦完成了伤口的修复工作，乳汁的流动也就停止了。

直到 1897 年，新加坡植物园的园长里德利（Henry Nicholas Ridley）发明了连续割胶法，这种状况才得以改善。里德利发现，如果在橡胶树上斜着切一个 45° 的平行四边形切口，就可以让流出来的橡胶在凝固之前就流到收集橡胶的容器里。这样就可以源源不断地收集橡胶了。使用这种方法，割胶工人只需要 3 个小时回来清理一下橡胶树皮上的伤口，就能让橡胶一直往外流。这就解放了大量的劳动力，也让橡胶的产量得到了稳定的提升[1]。

用连续割胶法收集橡胶

橡胶不是橡胶树的专利，甚至也不是大戟科植物的专利。在其他能够分泌白色乳汁的植物身上，也能获得橡胶。现在，人们已经差不多尝试过

1　People:Cornelius, Vernon. *Henry Nicholas Ridley*. Singapore Infopedia.

2 000 种不同的植物，但橡胶树仍然是提取天然橡胶的首选植物。根据巴西生态学家托马斯·莱文森的一项研究，全世界至少有 21 500 种植物能够分泌白色乳汁，这些植物广泛地分布在 40 个不同的科当中。一些以有毒著称的植物，比如夹竹桃科、罂粟科、天南星科、桑科，以及我们今天讲的大戟科，它们都能分泌白色乳汁。

这些乳汁的化学成分差别很大，有的含有一些有毒的生物碱，有的含有有毒的蛋白质或者酯类，但它们的共同之处就是都含有类似橡胶的成分。

聪明的你到这里或许已经明白了：既然能够分泌白色乳汁的植物广泛地分布在 40 个不同的科当中，这就意味着这些植物并没有一个共同的祖先。白色乳汁这种产品，在漫长的岁月里被植物们反反复复地发明了很多次。

演化的规律告诉我们，每一种独特的性状背后，对应的都是一种独特的生存优势。相同的环境压力就有可能造就相似的物种，比如食虫植物就是在自然界缺少氮元素的大环境下演化出来的。

那么问题来了：既然自然界中广泛地存在着能够分泌乳汁的植物，那么又是什么样的环境压力，让它们重复地发明了白色乳汁呢？

如果我们把分布在全世界不同环境里的植物，看作是一家又一家相互独立的创新公司，那么，对它们来说，是否存在一种跨越种群与地域环境的生存压力，迫使它们发明出一种相似度很高的白色乳汁来解决问题呢？生物学家猜测，这种压力就是来自哺乳动物、昆虫以及真菌这些外部侵害的压力。

一般来说，从受伤的植物茎部涌出的白色黏稠的汁液，会对哺乳动物和鸟类起到警戒色的作用。当动物们误食了这些植物，吃了一次亏之后，就会牢牢地记住那些恐怖的白色汁液，再也不会去招惹它们了。

在自然界，警戒色和毒性常常是配合使用的。植物从来不会把毒死其他动物当作自己的生存目标，因为想要毒死大型动物就需要准备大量的有毒物质，这对植物来说是一件非常不划算的事情。但是，在警戒色的帮助下，植物只需要付出很小的代价，就可以震慑住对手，让那些想要啃食自己的动物望而却步，这才是更高效的生存策略。

除了对哺乳动物和鸟类示警以外，有毒的白色乳汁还能比较有效地防范昆虫的入侵。如果我们用针在大戟科植物的表皮上扎一下，瞬间涌出来的白色乳汁会立即把表皮的伤口修复好。这个防护策略把几乎所有靠吮吸植物汁液为生的昆虫都挡在了门外。你可以想象，当蚜虫刺破植物的表皮，正准备吮吸汁液的时候，它吸到嘴里的却是黏稠且有毒的白色乳汁，会发生什么情况。那些以啃食植物叶子为生的昆虫，也同样会遭遇来自白色乳液的阻击。

不过，白色乳汁最大的用处恐怕还是防范真菌的侵袭。根据托马斯·莱文森的研究[1]，能够产生乳汁的植物在热带地区分布更广，而热带地区恰好也更适合真菌繁殖。

真菌这种生命其实也生活在与植物相似的生态位上。真菌是多细胞的生物，它们可以利用菌丝，深入到周围的环境中去汲取养分。这个过程与植物通过根系来汲取水分和矿物质的过程非常相似。

但是，真菌的体内没有叶绿素，它们也不会利用光能自制养分，所以它们必须从环境中汲取现成的养分。这样，植物的身体就成了真菌最适合寄生的环境。除了没办法直接利用水和无机盐以外，真菌一点都不挑食，它们几乎可以把所有的有机物质都分解掉当作自己的食物。如果有必要，真菌连岩石都能分解。与蓝细菌实现了共生的地衣，就是靠真菌来分解岩石从而获得所需的矿物质。一些生长在岩石缝隙里的植物，它们的根系也会与一些真菌实现共生，从而在岩石里获得养分。

1　Lewinsohn, Thomas. (1991). The geographical distribution of plant latex. *Chemoecology*. 2. 64–68.

所以，即便是千年不腐、万年不坏的木质素，到了真菌这里也一样可以被腐蚀分解。在沙漠中死去的胡杨，之所以能够几千年不腐不坏，抵御真菌侵蚀的并不是木质素，而是干燥的环境。坚硬的木材到了温暖潮湿的热带，照样会变成真菌的食物。

所以，应对真菌的侵袭，才是所有植物的必修课。植物的身体里充满了水分，如果没有什么独门绝技来抗击真菌，那么整个植物大家族全毁在真菌手里，都是有可能发生的。

讲到这儿，为什么超过 20 000 种植物都能合成含有橡胶成分的白色乳汁，这个问题的答案就呼之欲出了。因为橡胶正是真菌的克星。我们身边的轮胎、乳胶手套、口香糖等橡胶制品，从来不会担心发霉的问题。橡胶的化学成分，就决定了橡胶这种物质不可能成为真菌的食物。

白色乳汁的终极意义，就是能随时随地在伤口上涂抹上一层橡胶保护膜。能够在温暖潮湿的环境里彻底隔离真菌，这样巨大的生存优势当然会在演化中保存下来。

但是，这个答案显然不是故事的结局。如果抗击真菌这件事情这么重要，为什么世界上只有 5% 的高等植物掌握了这个秘籍呢？从理论上说，应该所有的植物都能流出白色的汁液才对呀？

原来，白色乳汁并不是唯一的正确答案。生物学家们发现，有很多植物的汁液并不是乳白色的，但是这些汁液同样含有类似橡胶的物质。它们呈现出淡黄色或者红色的原因是其中包含的蛋白质颗粒的结构有所不同。

松柏这类树木上如果出现伤口，就会流出树脂，树脂也是真菌无法分解的物质。树脂之所以能埋在地里形成琥珀化石，就是因为它们不会腐烂的特性。

松树树脂的化石

其他的植物也非等闲之辈，它们的汁液中多多少少都含有一些抗菌和抑菌的物质。这些物质并不能永久性地抵御真菌的侵袭，但是只要植物富有活力，就可以不停地分泌抑菌物质，与周围的真菌打一场持久战。而且，它们还会一边抗击真菌的侵袭，一边用木质素搭建起一道防护墙。虽然木质素也会腐烂分解，但木质素的分解速度极慢，利用木质素抵抗到伤口愈合还是可以实现的。

而且，植物的表皮细胞也并不是直接暴露在空气中的。植物的表皮外面常常覆盖着一层蜡质，而蜡也是真菌无法分解的物质之一。

所以你看，植物真的很像那些不断试错的创业者。它们为了抵御真菌的侵害，把各种各样可行的方案全都试了个遍，而绝大多数存活下来的植物，都独立地找到了顶级的解决方案。

本章我们从普遍能够产生白色乳汁的大戟科植物，说到了植物们抗击真菌的通用策略。虽然演化是没有方向的，但是生存压力和自然选择却有着明确的方向。

菊花，此花开尽更无花

1986 年 4 月 26 日凌晨 1 点 23 分，位于乌克兰基辅市北郊的小镇——普里皮亚季正在夜色中沉睡。怀有 6 个月身孕的小镇居民柳德米拉从梦中醒来，她上完厕所后没了睡意，就到厨房拿了杯子，想喝杯饮料再上床。

从厨房回到卧室的时候，她看见东南方向的地平线上似乎闪着火光。柳德米拉的丈夫瓦西里是一名消防员，这让她对火光之类的东西格外关心。正当她想要看清窗外的起火点时，一个巨大的冲击波击中了柳德米拉居住的楼房。整个房间猛地震动了一下，她差点儿就摔倒在地上。紧接着传来了一连串巨大的爆炸声。

瓦西里也被爆炸声惊醒。此时，小镇东南方向的天空已经被火光映得一片通红，一道明亮的光柱冲天而起，一直延伸到夜空深处。发生爆炸的地方距离普里皮亚季 6 000 米远，那里正是让苏联引以为傲的切尔诺贝利核电站。

瓦西里吻了妻子，把她送回床上去睡觉。

他安慰妻子说："核电站屋顶上的沥青烧着了，估计要烧一个晚上了，消防队的人手肯定不够，我得去帮帮忙。"

看着妻子柳德米拉狐疑的眼神，他又补充道："我知道那个地方，那里没有化学品，没有什么危险的东西，只有沥青。"

瓦西里洗了把脸，穿上衣裤。他知道，今天晚上肯定要打场硬仗了。

切尔诺贝利核电站 4 号反应堆发生了爆炸。爆炸掀翻了反应堆的屋顶，把 1200 多吨混凝土抛向了高空。反应堆的堆芯与混凝土一起，大面积地散落在周围。那根冲天的光柱里，充满了致命的辐射。一架试图从顶部接近反应堆的直升机，由于辐射的干扰而失去控制，一头栽进了反应堆里。

这是人类历史上最恐怖的一次爆炸事故，爆炸释放的辐射量相当于美国投在广岛的原子弹的 400 倍。第二天，苏联政府开始组织周围 30 千米内的居民紧急向基辅撤离。每位居民都以为撤离只是暂时的，大家都没想到的是，普里皮亚季从此成了一座被核辐射笼罩的废城，尽管 30 多年过去了，这里的辐射强度依然不适合人类居住。

在爆炸发生后，苏联政府还派出部队，扑杀了禁区中的狗、鹿和各种鸟类，目的是避免辐射物因为动物的活动而向外扩散。核电站的废墟周围，有大量的植物都因为辐射过量而枯萎死亡。然而，就在这片毫无生机的土地上，有一种植物却生长得十分茂盛，它们还开出了大片大片鲜艳的花朵。这就是向日葵。

向日葵花海

在切尔诺贝利核电站周围那些污染最重的土地上，大面积地生长着向日葵。这些向日葵既没有因为辐射而枯萎，也没有发生变异。它们只是照常地生长、开花，把勃勃生机带给了这片死气沉沉的土地。

这些向日葵并不是这里的本地植物，它们是在核电站发生事故之后被人工种植在这里的。土壤科学家迈克尔·布莱洛克参与了种植向日葵的项

　　　　　　　　　　　　　　　　　　疯狂的植物

目。科学家们种植向日葵的目的，可不是为了好看，而是为了清除土壤里的放射性物质。

布莱洛克介绍说："在这片核污染严重的土地上，最难以清除的放射性物质就是铯–137 和锶–90。铯在土壤里的化学性质很像是钾，它们都是碱金属。这些放射性元素会藏在黏土颗粒之间的孔洞里，难以清除。但是植物的根毛却很容易吸附它们，并且植物还会通过特殊的离子通道把它们吸收到体内。另外一种很难清除掉的放射性元素锶，它的化学性质很像是钙，它们都是碱土元素。植物的根系可以像吸收钙元素一样，把锶元素也一同吸收掉。"

能够吸收掉土壤中的放射性元素，这事很多植物都能做到。植物不关心土壤中的元素是否具有放射性，它们只是按部就班地积累这些物质。这也正是受到重金属或放射性元素污染的土地不能种植农作物的重要原因。

但在众多的植物中，布莱洛克的团队选择了向日葵，原因是向日葵有着超乎想象的生命力，即便放射性物质大量地聚积在体内，也不会影响它们的正常生长[1]。不过，他们必须在向日葵种子成熟之前，就把它们暴露在地上的部分收割并且处理掉。这么做是为了避免鸟类把这些具有放射性的葵花籽传播得到处都是。

向日葵，恐怕是我们最熟悉同时也最陌生的植物之一。我曾经好几次问过我身边的朋友：向日葵是哪个科的植物？答对的人很少。我猜读者中能不假思索地说出向日葵是菊科植物的人，可能连一半都不到。没错，向日葵与那些开放在秋天、千姿百态的菊花，其实是亲戚。

菊科是植物界当之无愧的第一大家族。它们绝不仅限于你经常在花卉市场里见到的各种观赏菊花。蒲公英、蓟草、生菜、茼蒿、苍耳、莴苣，

1　Vandenbrink, J. (2013, February 18). *Bloom of the week - PHYTOREMEDIATION WITH SUNFLOWER*. Berkeley Rausser College of Natural Resources.

各式菊花

我们身边大量熟悉的植物其实都是菊科植物。

目前发现的菊科植物已经多达 3 万种，而且几乎每年都有新的菊科植物被发现，它们的数量每年都在增加[1]。如果你每天认识一种菊科植物，把菊科植物认完，需要 82 年。菊科植物的品种辨识，是一个连植物学家都头痛的问题。

有一个流传在植物学老师之间的关于菊科植物的笑话。如果你带着学生到野外实习，一定要走在队伍的最前面。这样，当你遇到那些叫不出名字的菊科植物的时候，就可以直接把它们踩死，不给学生们提问的机会。

这当然是一个笑话，不过也扎心地说出了种类繁多的菊科植物难以辨识的真相。但更扎心的是，即便你真的用脚去踩它们，多半也没办法把它们踩死，因为几乎所有的菊科植物都与向日葵一样，有着超级顽强的生命力。

1　*Compositae — The family Compositae is in the major group Angiosperms (Flowering plants).*

　　　　　　　　　　　　　　　　　　　　疯狂的植物

菊科植物出现在白垩纪的晚期，有大约 6 000 万年的演化史。6 000 万年与人类的演化史比起来，也许能称得上古老，但与动辄有几亿年历史的其他植物比起来，菊科植物无疑是一个后来者。它们生命力顽强、品种繁多，足迹也几乎遍布了整个世界。从海拔高度 0 米的上海到被称为 "世界屋脊" 的喜马拉雅山脉，从寒冷的北极苔原到炎热的赤道，哪里都有菊科植物的足迹。

菊科植物的多样性与兰科植物完全不同。兰科植物改变自己，是为了最大限度地利用昆虫为它们授粉，而菊科植物则硬是通过基因变异，完成了三大创新。也正是靠着这些创新，菊科植物才在进化树上植物这条分支的最顶端，找到了一个类似于人类在动物界的特殊位置。

菊科植物的第一大创新，名叫头状花序。除了菊科植物外，头状花序在其他科属的植物里是极其少见的。所以，仅凭头状花序这一个特征，我们就能从众多的植物里准确地认出菊科植物来。

法国植物学家约瑟夫·图内福尔（Joseph Tournefort）是第一个对菊科植物的花序进行系统化研究的人。他或许是林奈之前最有名气的植物学家了。1694 年，图内福尔就提出了 "属" 这个概念，并且在给植物分类的时候明确区分了属和种。这为林奈的双名命名法的发明奠定了重要的基础。

图内福尔发现，菊花并不是一朵简单的花，它是由很多形态不同的小花聚合在一起，形成的一个复杂的大花束。很多小花聚成了一个花头，这就是头状花序。

我们还用向日葵来举例子。处在向日葵边缘的一圈小花，它们有一个最明显的特征，就是长着一片巨大的花瓣。每一片花瓣都准确地朝向向日葵花盘的外侧。因为这种花瓣看起来很像舌头，图内福尔就给它们起名舌状花。

很明显，舌状花存在的意义就是为了在这个大花束中扮演花瓣的角色。

一般来说，舌状花的颜色都比较鲜艳，它们除了这些巨大的花瓣以外，用于繁殖的雄蕊和雌蕊都已经完全退化了。舌状花的作用就是为了吸引昆虫。它们自己不能授粉，更不能结出种子。

在舌状花里面，是向日葵的巨大花盘。花盘上的小花与舌状花的形态很不一样。如果你仔细观察，就会发现花盘上的每一朵小花看起来都像是一根细细的小管子。小管子里是花朵的雄蕊和雌蕊。这种长得很像管子的小花，被图内福尔称为管状花。这些花有完整的雄蕊和雌蕊，是可以结出种子的。

向日葵的头状花序

头状花序的工作模式非常像一个综合型的商业中心。一个小餐厅或者一家服装店，都不足以吸引到足够的客流。但是，如果这些小店铺各司其职组成一个商业中心，顾客就会专门前来购买东西。

头状花序的高明之处，就是让花朵产生了形态和功能上的分化。如果把一朵花开得足够艳丽，就会产生大量的能量浪费；如果节约能量，让花朵变小，那就不容易吸引昆虫。最好的方式就是让成千上万朵小花聚在一起，形成一朵大花，这样既节约了能量，又能让授粉的昆虫老远就看见。

排列整齐的管状花很容易与授粉的蜜蜂建立起牢固的合作模式。比起飞来飞去地采蜜，停在向日葵硕大的花盘上，一个挨一个地把每一个管状花都钻一遍，显然是一种更方便有效的采蜜方法。这些便利可以吸引蜜蜂优先为向日葵授粉。蜜蜂的行为与顾客在商业中心闲逛时的情况非常相似，他们总是刚刚逛完一个小店，转身就钻进了旁边的小店。

一个蒲公英的花序可以产生数百粒种子，而一个直径 30 厘米的向日葵花盘可以结出上千枚葵花籽。虽然这样的成绩远远比不上兰花动辄百万的种子数量，但菊科植物的种子中携带着充足的养分，它们依靠较高的发芽率弥补了数量上的不足。

为什么菊科植物能够保持较高的发芽率呢？这就关系到菊科植物的第二大创新——种子。

向日葵的种子葵花籽是典型的瘦果，它们的果实干燥、小巧，果皮坚硬，不会自己开裂。我们之所以能吃到颗粒饱满的葵花籽，其实是一代又一代育种师认真选育的结果。野生向日葵的种子不仅称不上是籽粒饱满，相反看起来还干瘪纤细。一阵大风吹过来，就能让成熟的葵花籽飞到更远的地方去。一个更典型的例子是蒲公英的种子，它们可以借助风力飞行得更远。

在携带营养物质的问题上，瘦果提供了一个相当不错的折中方案。它们的种子没有为动物准备好吃的果肉，也不像完全不携带营养物质的兰花种子那样，需要依赖真菌的感染才能发芽。它们的方案是，在确保发芽率的前提下，让自己的体形尽可能轻巧。

1810 年，热爱菊科植物的法国植物学家亨利·卡西尼（Henri de Cassini）——那位著名的天文学家让·多米尼克·卡西尼（Jean-Dominique, comte de Cassini）的儿子——注意到了菊科植物果实的特别之处。

卡西尼发现，菊科植物从开花到结果，有一个很不起眼的器官被以往的植物学家们忽略了，这个器官就是花朵最外层的苞片。菊科植物的花朵上，管状的花瓣和突出的雄蕊彻底地盖住了生长在下面的绿色苞片。但是，当果实成熟的时候，这些不起眼的苞片却展现出了各种各样令人眼花缭乱的复杂结构。正是这些结构，增强了菊科植物种子的生存能力。

提起苍耳，我相信你肯定不会陌生。只要你在野地里随便走上一圈，裤子上很可能就沾满了这些长得像是小刺球的种子。它们的每一根小刺上都带有倒钩，很容易钩住衣服和头发，清理起来特别麻烦。

苍耳种子上令人讨厌的倒钩，就是由苍耳花朵上的苞片演化而成的。除了苍耳，牛蒡、苍术、鬼针草等大量菊科植物的种子上也长着类似的倒钩。

苍耳种子

还有一些菊科植物的苞片不是倒勾的形态，而是变得黏糊糊的，腺梗菊、豨莶草就属于这类。它们虽然不像苍耳处理起来那么麻烦，但是一旦我们的皮肤或者衣服碰到它们，还是很容易粘在身上。

2009 年，一项关于菊科入侵品种的研究 [1] 表明，有 8 个菊科植物入侵品种的种子萌发率都超过了 50%。这些种子在没有土壤覆盖的环境里，发芽水平全都高于当地的其他植物。菊科植物的种子数量多、发芽快、传播方式多样，这让菊科植物能够在各类环境里都夺取到相当占优势的生态位。

卡西尼的研究让植物学家们把关注的重点从单纯地关注花朵结构，转向了兼顾花朵、果实和种子。直到 1832 年去世时，卡西尼一直在研究这个问题。他最开始把菊科分为了 11 个亚科，到最后分成了 20 个亚科。每一次修改分类，都让他对菊科植物的理解又深入一层。虽然卡西尼最终也没能完成这项宏大的工作，但他的研究让后来的植物学家们找到了方向。给几万种的菊科植物分门别类，一种一种地搞清楚它们的起源和亲缘关系，这个难度是不言而喻的 [2]。

菊科植物的研究之所以困难，不仅是因为它们数量巨大，很重要的一点是菊科植物并没有拘泥于某种演化的规律。对于菊科植物来说，它们的信条似乎就只有两个字：生存！只要能够生存下去，一切规律都是可以被打破的。这也是菊科植物最大的一项创新。它们似乎已经理解了"适者生存"的终极要义。

为了能够适应更多更复杂的环境，一个物种保持其基因的多样性就变得举足轻重。但是，菊科植物显然没有拘泥于这个原则。一项对 571 种菊科植物授粉情况的研究表明，只有 63% 的菊科植物在严格执行异花授粉的

1　郝建华, 吴海荣, 强胜. 部分菊科入侵种种子（瘦果）的萌发能力和幼苗建群特性 [J]. 生态环境学报, 2009, 18(5): 6.

2　Bonifacino, Jose & Robinson, Harold & Funk, Vicki & Lack, H. & Wagenitz, Gerhard & Feuillet, Christian & Hind, D. (2009). A history of research in Compositae: early beginnings to the Reading Meeting (1975).

生殖策略[1]，另外 37% 的菊科植物都有各种各样的自花授粉的办法。

菊科植物自花授粉的策略让植物学家们颇感困惑。因为从表面上看，这绝对不是一个能提高物种多样性的生存策略。但当一些植物学家对外来物种进行研究的时候，他们似乎找到了答案。

菊科植物数量多，适应性强，又有相当高级的生存策略，它们很容易随着人类的旅行和迁徙成为当地的入侵物种。

根据我国生态环境部发布的《2019 中国生态环境状况公报》，我国至少有 660 种外来入侵物种[2]。它们中的一部分是随着贸易进入我国的，还有一部分是被丢弃的外地观赏植物和动物。在我国公布的入侵物种的名单中，有多达 40% 的入侵植物都是菊科植物。

有一种臭名昭著的入侵物种叫作薇甘菊[3]，它原产于美洲。根据历史资料，"二战"时薇甘菊被盟军引种到了印度，盟军看中的正是它们适应性强、生长迅速这个特点。但是，只要把薇甘菊种下去，它们就再也不受控制了。它们开始快速扩散，成为太平洋地区分布最广的一种杂草。在我国，薇甘菊最初只在香港被发现，但是在 1984 年，有人在与香港一河之隔的深圳发现了薇甘菊的身影。随即，它们快速蔓延到了云南、海南和广东等地。

这种开着白色小花的植物，看起来柔弱不堪，但实际上却是名副其实的绿色恶魔。它们有着"一分钟长一英里（1 英里 ≈1.609 3 千米）"的称号。它们长到哪里，哪里就是一片绿色，但是，绿色当中很快就只剩下薇甘菊这一种植物[4]。

1　Ferrer, M. M., Good-Avila, S. V. (2006). Macrophylogenetic analyses of the gain and loss of self-incompatibility in the Asteraceae. *New Phytologist*, 173(2), 401–414.

2　2019 年《中国生态环境状况公报》(摘录一)[J]. 环境保护 , 2020, (13)：57–59.

3　关于发布《中国自然生态系统外来入侵物种名单 (第四批)》的公告 . (2016–12–12). 中华人民共和国生态环境部 .

4　余涵霞 , 庞锦峰 , 张昕宇等 . 外来入侵植物薇甘菊的 2 种化感物质对土壤氮循环的影响 [J]. 热带亚热带植物学报 , 2020, (03)：292–300.

开花的薇甘菊

为了清除掉讨厌的薇甘菊，人们想尽了办法。使用除草剂是最简单直接的办法，但是当除草剂使用过后，最先恢复种群的植物依然是薇甘菊。薇甘菊的适应性非常强，它们会越来越快地产生耐药性，新型除草剂的研发速度根本赶不上薇甘菊的成长速度。

科学家们还想到了一种"以毒攻毒"的方法，那就是请出植物界剑走偏锋的寄生植物——菟丝子。菟丝子的寄生行为，确实能有效地控制薇甘菊。但是，菟丝子并不能真正杀死薇甘菊，只能略微限制一下它们的生长速度。所以，更多时候人类只能用最笨的物理铲除及焚烧的方法，才能抵抗住薇甘菊的进攻[1]。

更加重要的是，薇甘菊还能够产生多种化学物质。这些化学物质会随着雨水进入土壤，抑制周围其他植物的生长，这叫作化感效应。即使我们拔掉了薇甘菊，它们的化感效应造成的影响仍然会持续很长一段时间。

1　袁家祥，张惠娇. 外来有害生物薇甘菊的发生与生物防治分析 [J]. 绿色科技，2017，(13)：23-24.

薇甘菊还是一种能够蔓生的藤本植物。这些薇甘菊的藤蔓在沿着地面爬行的时候，会随时生出气生根，气生根会让薇甘菊形成新的植株。薇甘菊"一分钟长一英里"的称号就是这样获得的。它们放弃了与昆虫共生，甚至放弃了菊科植物特别有优势的花序和种子，而是干脆采用最直接的无性生殖的方式开疆拓土。这正是菊科植物打碎一切规则，专注于适者生存的有力例证。

关于菊科植物的故事，还有太多太多。还有很多菊科植物的古怪行为，直到现在我们仍然没有答案。对于菊科植物的研究似乎永无止境，它们身上的奇怪特性吸引着一个又一个植物学家穷尽自己的一生去探索。

绿萝，永不开花的秘密

佛罗里达州位于美国的东南角，因为处于热带气候区，温暖的阳光让这里成为美国最重要的冬季度假地。这儿也特别适宜植物生长，"佛罗里达"源于西班牙语，意为"鲜花盛开的地方"。

佛罗里达大学正是坐落于该州，由于气候适宜，这里非常适合进行植物生长的实验。在佛罗里达大学研究和教育中心的遮阴温室中，各种热带雨林植物生意盎然，一年四季都可以在这里看到鲜花盛开，花儿们用自己的绚丽宣告着生命的价值。

但对于几位在此进行研究的华人科学家来说，他们关注的却不是那些漂亮的花朵，而是一种再普通不过的爬藤植物——绿萝。他们种植的是一个叫作"大理石女王"的品种，白绿相间的叶子犹如大理石的花纹。我们很容易在家居杂志或者广告上看到它的身影。对于这几位科学家来说，这种普通的植物却有着极为不普通的经历，他们的工作正是见证这种罕见的经历。

几个月过去了，他们悉心照顾着这些绿萝，但绿萝似乎依旧普通，没有什么变化。直到有一天早晨，一位科学家一如往常地打理着实验室的时候，他惊奇地发现绿萝身上发生了变化。一株嫩苗上出现了一点点的红色颗粒，这些红色颗粒组成了一个穗状的结构，这个就是绿萝的花。这朵花意味着时隔近五十年，人类再一次目睹绿萝开花。科学家们的假设终于得以应验，人类终于揭开了绿萝不会开花的秘密，而这个秘密的真相是什么，需要我们重新去打量一下这种我们无比熟悉的植物——绿萝。

窗边的绿萝

　　绝大部分人对于植物的认识都是从"能不能吃"开始的。我们与植物最亲密的接触，正是来源于它们作为食物的属性。很多对植物不感兴趣的人，"能不能吃"是他们最先关心的。然后，我们可能会认识到植物遍布于生活的每个角落，我们穿的衣服、出行的交通工具、居住的建筑、日常生活的各种物品，都和植物有着密切的联系。但人类似乎又把摆脱植物对生活的影响作为追求。比如我们人类所住的房子，最早都是用木头和竹子作为主要的建筑材料，后来我们发明了水泥，再后来又有了钢筋混凝土，我们逐渐摆脱了对植物的依赖。又比如我们穿的衣服，早期的蚕丝和棉花，都直接或间接来源于植物，现在我们通过提取炼化石油，用化学纤维来纺织布料制成服装，植物对我们的影响开始变小了。对于现在生活在城市的人来说，与植物的关系变得越来越抽象。我们乐于把植物分成"蔬菜""水果"，这完全是以人类为中心的分法，并不是站在植物的视角。

正因如此，我们经常谈论的植物并不是一个总的概念，而是变成了一个功能，它作为一个展示品或者装饰物成了我们生活的一部分。我们希望植物可以按照我们的想法生长，我们重新给植物打造了一个环境。

人类居住的环境，往往不适宜植物的生长。比如，对于人类来说，在通风和保暖之间需要做一个平衡，这就导致室内的温度和空气流通情况都会非常不稳定，可能伴随着人类的活动而变化，但这样的变化不一定规律，还可能会非常剧烈，这对于植物来说是很难适应的。又比如人类适应的湿度在 30% ~ 60% 左右，但对于很多植物来说，房间内的湿度不是太潮湿就是太干燥。还有一个更重要的原因，植物生长需要光合作用，但是很多房间没办法直接晒到阳光，要么由于玻璃窗的阻挡，植物无法吸收到紫外线，要么阳光太强烈，这些条件都制约了植物的生长。

因此，尽管人类对于室内培育植物有需求，但是适合在室内生长的植物屈指可数，植物更多时候就像是一种消耗品。当它们把体内储存的养分都耗尽后，就只能接受凋零的命运。而在屈指可数的适宜室内种植的植物中，绿萝似乎是最特别的，因为它似乎完全适应了室内生存的环境，也因此对于很多人来说，谈论养植物就相当于在谈养绿萝。

首先，绿萝对土壤并不挑剔，这和种植多肉植物动辄要准备十几种颗粒土截然不同。不管什么样的土壤，绿萝似乎都可以生存，甚至由于强大的呼吸根，用水培植绿萝都没问题。绿萝成了水陆两栖的巨无霸。

其次，植物生长需要水，但是土壤水含量过多就会导致植物的根部呼吸不畅，所以种养别的很多植物，浇水成了一个大问题，但绿萝却一点都没关系，它怕的似乎只有缺水，只要有水就行，根本不用担心烂根的问题。

再次，绿萝对于温度的适应性也很强。只要温度不是长时间低于零下，它们就可以长得很好，这个温度的需求和人类是相同的，绿萝最适宜生长的温度恰好就是人类在房间内最适宜的温度，大概是 25℃。

最后，因为绿萝是草本爬藤植物，所以它既可以布置为大的绿植摆放在房间的角落，也可以让它随意爬藤，组成绿幕，应用场景非常多。最主要的是，绿萝不需要太多的阳光，甚至多余的阳光还会伤害它，所以只要把它放在稍微明亮一点的角落，就可以不用去打理它了。也正是因为绿萝强大的生命力，它甚至在很多地区都成为了入侵物种，成为了影响当地环境的灾难[1]。

这些条件，都是让绿萝成为家庭中最常见的植物的原因。但其实还有一个更深层的原因，那就是绿萝的形态不会发生明显的变化，它不会开花结果，因此就不会产生果皮、果壳或者开败的花蕾、花枝，这就让养绿萝变得非常"干净"。同样因为绿萝不会开花，所以不会产生香味和花粉，这样既不会招蜂引蝶，也不容易让人产生过敏的情况，所以我们很容易忽略绿萝的存在。

事实上，绿萝可能是世界上最神奇的植物，因为绿萝不会开花。你闭上眼睛想一想，能想象出绿萝花的形态吗？人类上一次目睹绿萝开花还是在 1962 年。时至今日，仅仅中国某一家园艺公司绿萝的年销量就超过了千万盆，想想看吧，每年有上千万盆的绿萝在各种环境中生长，但它就是不开花。如果把绿萝看成是一个国家，假如一个上千万人口的国家从来不

1　De Costa, W. A. J. M., Hitinayake, H. M. J. B., & Dharmawardana, I. U. (2001). A physiological investigation into the invasive behaviour of some plant species in a mid-country forest reserve in Sri Lanka. *Journal of the National Science Foundation of Sri Lanka*, 29(1-2), 35.

生孩子，那么怎么会有后代呢？对于绿萝来说，又是什么原因导致它"不孕不育"呢？

绿萝是天南星科的植物，这个科在全球大约有 2 000 多个物种，并不是非常多，而且有个显著的特点，天南星科的植物全部都生长在潮湿温暖的地区。根据科学家们推测，在白垩纪的晚期，天南星科起源于今天的亚洲热带地区。而且我们今天能够看到的比较原始的天南星科植物形态，很多还属于水生植物，所以天南星科植物是从热带森林地区的淡水环境中起源的 [1]。

这样的环境，自然就是竞争最激烈的地方。想要和其他植物竞争，天南星科植物演化出了三种很特别的能力。首先，天南星科植物被定义为蔓性草本，也就是说，像绿萝这样有爬藤的能力。但是和大部分爬藤植物不同的是，天南星科植物即使没有足以支撑它们的固体，也不影响生长。这就让它们像是一个投机主义者，一旦有机会就沿着高处往上爬，但是没有高处可爬的时候就匍匐前进，而且天南星科在地上的茎部很容易生出气生根，这些气生根一方面帮助它们从空气中吸收水分和营养，另外一方面又像"脚"一样帮助它们拓展生存的空间。其次，天南星科植物的叶片千变万化，但总的规律是叶尖部分非常尖，这就可以帮助它们把多余的水珠排出叶面。叶片对于热带的昆虫来说是最好获取的食物，天南星科植物也同样受到昆虫的威胁。所以它们会在叶片中形成很多的草酸钙结晶，这些结晶非常硬。在显微镜下，我们可以看到这些结晶就像无数根针，无论是谁想把天南星科植物的叶片放进嘴里，这些针都会让进食者非常难受。假如人类误食了它们的叶子，会出现口腔的刺痛、呕吐、吞咽困难等情况，即使皮肤接触到它们的汁液，也会有刺痛感。所以，虽然天南星科生存在热

1　李恒. 从生态地理探索天南星科的起源 [J]. 云南植物研究 , 1996, (01) : 14-42.

带地区，但是以它们为主要食物的昆虫却很少。

更重要的是，天南星科会呈现一种非常特别的花的结构。在一片非常肥厚的苞片上面或者外面，会长出一串类似蜡烛的肉穗花序，从远处看，整朵花像是一支蜡烛插在烛台上，这样的形态被称为"佛焰花序"。我们可以想象一下红掌或者马蹄莲的形状，那就是标准的"佛焰花序"形状。虽然这种形态并非天南星科独有，但绝大部分天南星科植物的花都长成这个样子，也可以说是天南星科最有代表性的特征。

为什么会长成这种特殊的形态呢？其实这正是天南星科植物暗藏的玄机。这样的苞片一般是半封闭甚至全封闭的状态，只会在花苞的上端开一个小口，所以昆虫一旦被天南星科植物散发的气味吸引，就会从这个小口钻进去，帮助花朵授粉，而天南星科又确实是一个制造气味的高手。天南星科中有一个"巨人"——巨魔芋（*Amorphophallus titanum*），它的花可以长得非常大。根据记载，2020 年 1 月，在印度尼西亚西部的苏门答腊岛的雨林中发现了一朵巨魔芋的花，直径可达 111 厘米，是目前为止人类见过的最大的花朵[1]。但是如此巨大的花，却异常难闻，因为巨魔芋会散发出强烈的恶臭，犹如尸体腐烂的味道，因此巨魔芋也有了"尸花"的称号，而给巨魔芋传播花粉的主要是甲虫和苍蝇，这种难闻的味道恰恰被它们所喜爱。2022 年，在我国国家植物园的温室中，巨魔芋开花了，这也是这种植物第一次在我国群体性开花[2]。还有一种天南星科植物叫作巴勒斯坦海芋（*Arum palaestinum*），它会散发出果酒的气味，犹如水果发酵，这会吸引果蝇来帮助它们授粉。不管用什么气味吸引昆虫进入苞片之后，昆虫想离开都没那么容易。由于开口一般都很小，昆虫很难原路返回，只能围着花序

1　Records, G. W. (2020). *Guinness world records 2021*. Guinness World Records.

2　池梦蕊.(2022-7-20).传说中的"食人花"——国家植物园巨魔芋开花了 花期仅 48 小时.人民网—北京频道.

绕一圈离开，在这个过程中，就顺便帮助天南星科植物进行了授粉。有一些天南星科植物，会在花序上分泌出营养物质，供昆虫饱餐一顿，这就会吸引更多的昆虫进入天南星科的花序中帮助它们授粉。

巨魔芋

不仅如此，天南星科的花朵排列也非常讲究，一般是雌花在上面，雄花在下面，有规律地排列在佛焰苞中间的茎干之上。雌雄花成熟的快慢，决定了天南星科植物在特定时刻的性别。天南星科植物虽然是两性花，但在不同的时期可以呈现单性花的状态，让它们可以自主选择是异花授粉还是同花授粉。当环境不利时，天南星科植物可以缩短雌雄花成熟的时差，让更多的雄花和雌花在同一时间出现，完成自花授粉；而一旦周围更多的同类植物也适应这样的环境，它们就可以拉长雌雄花成熟的时差，变成只能异花授粉的单性花。而且由于热带森林几乎没有季节的变化，所以很多天南星科植物可以一直开花，让物种的基因持续地交流，保证天南星科植

疯狂的植物

物的多样性。

　　换句话说，天南星科植物不仅会开花，而且善于开花。它们利用花朵去实现繁衍后代的目的，这一点也不亚于兰科植物。正因如此，绿萝才更加显得另类。不管人类怎么用心地去照料绿萝，它就是不会开花，开花对于绿萝来说是不可思议的事。人类唯一一次目睹绿萝开花还是在 1962 年，美国的两位科学家在加勒比海的波多黎各岛上目睹了这一奇景[1]。由于绿萝的花和另外一种天南星科植物麒麟叶（*Epipremnum pinnatum*）极度相似，所以植物学界在很长一段时间内都把绿萝当作是麒麟叶的栽培品种。但是因为绿萝和麒麟叶在形态和叶子上差距实在太明显了，所以最后才恢复了绿萝独立物种的地位。

麒麟叶

　　在植物界，不依靠开花繁殖或者看起来不开花的植物其实并不少，比如无花果看起来就没有花，但其实无花果并非不会开花，只是它的花隐藏

　　1　Birdsey, M. R. (1962). Pothos aureus transferred to Rhaphidophora. *Baileya*, 10, 155-159.

在果实之中，形成了非常独特的隐花花序而已。仙人掌科的昙花等物种也不容易开花，所以还留下了"昙花一现"的成语，但那只是因为它处于生长期且尚未适应环境，只要条件适宜，昙花还是会开花的。还有一些植物，比如一些种类的竹子或者龙舌兰，它们在生长期不会开花，只有在生命结束时才会开一次花。虽然一辈子只开一次花，但也不是不会开花。绿萝偏偏和它们都不一样，它是真的完全不会开花。所以想要培育新的绿萝，只能通过无性繁殖的手段。

对于绿萝为什么不会开花，即便科学界有过很多的解释，但很长时间以来答案都是未知的。因为这个问题很难用传统的杂交不育或者通过对比野生品种来解释。科学家们发现，绿萝从各方面来说都是一个典型的物种，并不是两个物种杂交的产物，而且即使是杂交的植物也会开花，只是不产生种子或者不育而已，这种状态和绿萝完全不一样。科学家们已经搞清楚了，绿萝的起源地是在太平洋上的法属波利尼西亚群岛[1]，即使今天去调查野生的绿萝，也从没有人目睹过它开花，所以绿萝不开花不是因为人类的影响。

对于科学家们来说，出现难以解释的难题，正是科学进步的起点。虽然绿萝是一种常见的植物，但之前对它的研究主要在园艺而非科学领域。直到这个问题被重视起来，对于绿萝的科学研究才多了起来。在这个过程中，科学家们还发现了别的有意思的事。

天南星科是单子叶植物，和水稻或者竹子一样，种子上面只有一片子叶。在很长一段时间内，科学家们总是认为植物的演化是从单子叶植物演化成为双子叶植物，通俗一点理解也就是先出现的草，后出现的树。但随着对植物演化的深入研究，科学家们发现很多非常古老的被子植物，比如

1　*Epipremnum aureum (Linden & André) G.S.Bunting*. (1964). Royal Botanic Gardens Kew Plants of the World Online.

双子叶的睡莲或者木兰，明显出现在单子叶植物的前面。所以，目前科学界的主流观点是把单子叶植物作为一种特殊的双子叶植物类型，单凭子叶的数量不能体现植物的演化规律。也就是说，草不一定比树出现得晚。

这对于绿萝来说就非常有意思了。科学家们发现，虽然天南星科是单子叶植物，但却保留了很多双子叶植物的特性，尤其绿萝就更能体现和典型单子叶植物不一样的地方。比如大部分单子叶植物的叶片都是细长狭窄的，如甘蔗或水稻，并且主叶脉都是平行的，没有明显的叶柄。但是绿萝的叶片非常宽阔，叶柄也明显，叶脉也是侧出平行（在主叶脉之外，其他的叶脉呈平行分布）。基因组的分析也说明，天南星科恰好处于单子叶从双子叶植物中分离的阶段，那时的单子叶植物还不具备独特的性状，这对于研究植物的演化有着重要的意义。

这样的发现只是研究绿萝不会开花的意外收获。科学家们还是要解决绿萝为什么不开花的问题。通过和其他天南星科植物的对比，科学家们发现绿萝在基因上缺少了一个名为"EaGA3ox1"的基因片段，它和植物激素赤霉素的产生相关。科学家们最早发现当水稻感染了赤霉菌后，会出现植株疯长的现象，因此从赤霉菌中提取了一种物质，命名为赤霉素。赤霉素其实是一大类植物激素的总称，目前已经发现了100多种赤霉素。这类植物激素最突出的生理作用，是促进茎的伸长和诱导植物开花。绿萝正是因为自身缺少了合成赤霉素的能力，所以不能启动开花的程序[1]。

那么，既然发现了绿萝不能开花的原因，是不是通过人工添加赤霉素的方式就可以让绿萝开花了呢？科学家们也进行了尝试，这就有了本章开头的一幕。科学家用赤霉素溶液喷洒不同阶段的绿萝，把叶子和嫩芽全部浸湿，神奇的一幕出现了：仅仅喷洒了一次，两个月后，不同阶段的绿萝

1　Hung, C.-Y., Qiu, J., Sun, Y.-H., Chen, J., Kittur, F. S., Henny, R. J., Jin, G., Fan, L., & Xie, J. (2016). Gibberellin deficiency is responsible for shy-flowering nature of Epipremnum aureum. *Scientific Reports*, 6(1).

就都长出了花芽，不久又都开出了具有天南星科特征的"佛焰花序"。

　　绿萝的故事只是科学家进行植物研究的一段小插曲，看上去仅仅只是为了满足他们的一点儿好奇心。实际上，正是好奇心驱动着科学的发展，任何看似无用的知识将来都有可能大有用处。可以预见，当人们搞清楚绿萝的不开花之谜后，通过杂交的方式一定会出现很多新的绿萝品种。有兴趣的话，你也可以配制一些赤霉素的溶液喷洒在自己家的绿萝上面，说不定也能目睹罕见的绿萝开花。

　　　　　　　　　　　　　　　　　　　　疯狂的植物

第四章　植物铸就的历史

金鸡纳树与青蒿：与疟疾的战争

1991 年，一个初夏的早晨，意大利最美古镇卢尼亚诺沐浴在清爽的晨风中。站在一座有着 1 500 年历史的中世纪城墙上向西望去，可以远远地瞥见闪着波光的台伯河。这条河就像一条弯弯曲曲的蓝色丝带，连接着古镇和南方的罗马城。

半山腰的山坡上，站着一位学者模样的中年人，他正在组织考古队员们对一座埋在地下的古代建筑进行挖掘。他们已经找到了十几个房间的位置，其中一个较大的房间已经被清理出来，而另外的房间还在清理当中。这座建筑物的年代比卢尼亚诺古镇的兴建时间略早一些，卢尼亚诺古镇似乎是在这些建筑废墟上重建的。

已经清理出来的房间里空空荡荡的，没有发现家具或者其他的装饰物。这座建筑物似乎还没有完工，就被彻底埋葬在地下。

索伦博士站在山坡上，仔细观察着整个挖掘现场。他的爱犬拉娜听话地站在他的身边。每次外出考察，索伦博士都会带上他的爱犬，有时候拉娜也确实能帮上忙。

"索伦博士，您快过来看看这个。"远处有一位工作人员喊他。

还没等索伦博士回过神来，拉娜已经迫不及待地蹿了出去。聪明的小狗似乎已经知道，这是又有新发现了。

呈现在索伦博士面前的是一具骸骨。从骸骨的身高来判断，这应该是一名幼儿。让索伦博士感到诧异的是，这名幼儿的姿势并不是墓葬中常见的正面朝上平躺的姿势。他的双腿蜷曲在腹部，侧卧在地上。更让索伦博士感到奇怪的是，这名幼儿的嘴张得很大，嘴里还塞着一块石头。在骸骨的周围，还发现了大量被肢解了的狗的骨头。索伦已经干了半辈子的考古工作，从来没有见过这么怪异的景象。

随后，在这片考古现场陆陆续续发现了 47 具幼童的骸骨，其中的 22 具被鉴定为未出生的胎儿。这是意大利发现的最大的一座古代儿童墓葬群。

婴儿墓地在意大利并不是什么稀罕的事情，因为集中埋葬婴儿已经是古罗马的老传统了，但是很显然，这个婴儿墓葬群有些不太寻常。通过对墓葬内土壤的研究，可以确定这些婴幼儿是在前后很短的时间内死亡并被埋在这里的。这说明在 1 500 多年前，这里的居民曾经经历过什么重大的灾难，导致妇女流产、婴幼儿大量死亡。那些被肢解成碎块的狗的身体和塞在幼儿嘴里的石头，是古罗马人动用过巫术的证据。

索伦博士很想知道这里到底发生过什么灾难，于是他动用了 DNA 检测技术，希望能在这些婴幼儿骸骨中找到一些蛛丝马迹。检测结果令人大吃一惊，科学家发现这些骸骨中残留的 DNA 片段，与恶性疟原虫的基因片段完美吻合。看来，大规模的疟疾爆发正是这些幼儿死亡的原因。

本章我不会着重讲治疗疟疾的科学史，我要换一个全新的角度跟你聊聊，在与疟疾斗争的过程中，金鸡纳树和黄花蒿是如何启发了人类的制药工业，最终拯救无数个生命的故事。

1638 年 1 月，西班牙驻秘鲁的总督路易斯·卡布雷拉（Luis Jerónimo de Cabrera）的妻子不幸患上了疟疾，症状非常严重。医生给总督夫人用了两次放血疗法，但是毫无效果。总督夫人的身体在放血之后变得非常虚弱，眼看就要不行了。情急之下，医生建议总督向当地的土著人求救，他听说土著人有一种神奇的药粉可以治疗恶疾。

总督卡布雷拉当然知道疟疾的厉害，但他一直都看不起当地土著，也不相信他们能有什么神奇的药方。即便是在医生已经无能为力的情况下，他也不甘心低三下四地向土著人讨要什么药粉。好在纯朴的土著人并没有记恨这位总督，总督的仆人很快就带着一种黄棕色的粉末回到了总督面前。总督把药粉倒进了葡萄酒当中，然后让夫人喝了下去。

万万没想到的是，这种看似普通的黄棕色粉末确实起到了效果，总督夫人的疟疾居然神奇地慢慢好转。总督大喜过望，马上派人打探这种黄棕色的粉末是从哪里来的。通过打听才知道，这种治疗疟疾的神药来自当地特有的一种植物，金鸡纳树的树皮[1]。

金鸡纳树的树皮

这个故事很可能是真实的。因为两年之后的 1640 年，意大利植物学家皮埃特罗·卡斯特利就在自己的一本小册子里描述了金鸡纳树这种植物，

1　Soren, D. (2003). Can archaeologists excavate evidence of malaria? *World Archaeology*, 35(2), 193-209.

还专门提到了它对疟疾的治疗功效[1]。但鉴于当时不可能具备太高的提纯技术，也不太可能是那种立竿见影的奇效。

金鸡纳树是茜草科金鸡纳属的植物，一共有 20 多种。每年夏天，金鸡纳树就会开出一些带着花香的白色小花[2]。在欧洲人眼里，金鸡纳树就好像神话故事里能够起死回生的仙草，没人见过，更没有人能搞得到。当时只有贵族才知道，从航海家的手里能够高价买到金鸡纳树皮磨成的粉末，名叫金鸡纳霜。

有文献记载，路易十四的儿子曾经患上疟疾，就是靠金鸡纳霜治好的。路易十四在儿子痊愈之后，立即下令封锁消息。他给了提供药粉的航海家塔尔博尔一笔终身养老金，目的就是让他保守药方的秘密。

康熙皇帝也曾经得过疟疾。得益于法国传教士洪若翰进贡的金鸡纳霜，他才侥幸活了下来。不过，金鸡纳霜最终只作为清宫秘方在皇室内部使用，并没有因此在中国流传开来。

王公贵族们的做法很好理解，既然金鸡纳树皮是稀有的东西，那就千万不能把这个药方弄得人尽皆知，关键的时候能有药救命，比什么都重要。但是科学家可不这么想，他们一贯的作风是，既然这种植物有效，那就想办法把它的精华提取出来研究清楚再说。

按照科学家们的逻辑，植物药只能算是药物的雏形而已，弄明白其中的有效成分并且提纯之后，才能叫作药物。

金鸡纳树皮磨制成的粉末金鸡纳霜，是一种典型的植物药。在金鸡纳霜中，除了奎宁以外，还含有辛可宁、辛可尼丁等多种生物碱。1820 年，

1　Pietro castelli. *Catholic Answers*.

2　张箭 . 金鸡纳的发展传播研究——兼论疟疾的防治史（上）[J]. 贵州社会科学 , 2016, (12) : 61-74.

法国化学家佩尔蒂埃[1]（Pelletier, Pierre Joseph）和卡旺图[2]（Caventou, Joseph Bienaime）从金鸡纳树皮中提纯出奎宁，开启了长达 100 多年的人工合成奎宁的漫长道路。

提纯只不过是提升了奎宁的治疗效率，但对一种植物提取物来说，奎宁的生产效率实在是太低了。奎宁来自金鸡纳树的树皮，但是金鸡纳树又很难种植。它们需要生长在温暖的热带地区，最佳的生长温度是 21℃。冬季轻微的霜冻都能把金鸡纳树冻死。在我国，只有云南南部的一小片地区适合种植金鸡纳树。即便在原产地南美洲，也只有玻利维亚、哥伦比亚、秘鲁、委内瑞拉等几个国家生长着金鸡纳树。

而且，金鸡纳树的生长速度并不快，至少要有 7～8 年的树龄才能开始采割树皮，这比种植橡胶花费的时间还要长。19 世纪末，人类每年要砍掉 25 000 株金鸡纳树用于治疗疟疾，但这与数以亿计的疟疾病患相比，仍然是杯水车薪。

转折点发生在 1934 年。年轻的奥地利化学家汉斯·安德萨格[3]和他的同事一起，完成了大约 12 000 种化合物的测试工作，终于找到了一种类似奎宁的替代品——氯喹。氯喹与奎宁一样有效的原因在于，它们的分子中都包含着一种名叫喹啉的化学结构。正是这个化学结构，可以与疟原虫的 DNA 结合，形成一种比较稳定的复合物。当疟原虫的 DNA 下次进行复制时，就会受到抑制。但这个时候，科学家仍然没有找到人工合成奎宁的有效方法。直到 1944 年，美国化学家鲍勃·伍德沃德才报告了第一个奎宁的合成方法，这距离奎宁被提纯出来过去了 124 年。

1　The Editors of Encyclopaedia Britannica. (1998, July 20). Pierre-Joseph Pelletier (French chemist). *Encyclopedia Britannica*.

2　Joseph-Bienaimé Caventou (French chemist). *Encyclopedia Britannica*.

3　Krafts, K., Hempelmann, E., & Skórska-Stania, A. (2012). From methylene blue to chloroquine: A brief review of the development of an antimalarial therapy. *Parasitology Research*, 111(1), 1–6.

讲到这里，你可能会觉得，人工合成一种药物也太困难了，还不如直接在植物当中寻找药物容易呢。生活在美洲的印第安人好像也没费什么力气就找到了金鸡纳树皮的正确用法，比科学家的效率高多了。

但我要告诉你的是，古老的印第安人使用金鸡纳树皮治疗疟疾的故事，其实是一个流传已久的谣言。

疟疾是疟原虫侵入人体导致的疾病，而蚊子是在人与人之间传播疟疾的罪魁祸首。这是我们对疟疾这种疾病的常规理解。但是，如果我们换到疟原虫的视角来看待这个世界，你就会有完全不一样的新发现。

疟原虫在人体的肝脏细胞里增殖，在人体的血红细胞中形成雌雄配子，在蚊子胃壁细胞里形成卵囊和子孢子，最后再进入蚊子的唾液腺等着再次进入人体。疟原虫不知道人与蚊子的关系，甚至不会知道人与蚊子是不同的生物。无论是人体细胞还是蚊子细胞，都只是疟原虫的生存环境而已。

你可以把疟原虫复杂的生活史与海龟类比。海龟有非常复杂但却固定的迁徙路线，它们出生后会前往固定的栖息地活动，在固定的地点交配，最后还要回到出生地所在的沙滩产卵，而这些地点可能会相距成百上千千米。哪怕海滩的环境发生一点点改变，都有可能对海龟的生存造成极大的影响。

疟原虫也是如此。同一种疟原虫只能生存在相同的宿主体内。哪怕吸血的蚊子换了一种，疟原虫都会因为无法寄生在蚊子的胃壁上而彻底被蚊子消化掉。同样，如果一个地区只有蚊子或者只有人类，无法完成整个生活史的疟原虫最终也会灭绝。一种生物依赖的环境越复杂，这种生物就越脆弱。

从这个角度来看，即便没有特效药，疟原虫也并不是不可战胜的。而且，古代人类就曾经利用环境变化战胜过疟疾。

大概在 12 000 年前，最后一次冰期还没有消融，大量的水被冻结，导致海平面下降，连接亚欧大陆和美洲大陆的白令陆桥露出了海面。原始人类追踪着猛犸象和野牛的足迹，一路走到了美洲大陆。在这段时期，寄生在人身上的按蚊因为无法耐受寒冷而没能与人类一起渡过白令海峡，而寄生在人类和按蚊体内的疟原虫，也因为无法完成整个生活史而最终灭绝[1]。就在旧大陆上的人类饱受疟疾折磨时，生活在新大陆上的印第安人，早就过上了没有疟疾的生活。

那么，问题来了，既然在地理大发现时代到来之前，南美洲根本就没有疟疾，那么印第安人用金鸡纳树皮来治疗疟疾的故事又怎么可能是真的呢？

其实，金鸡纳树皮在印第安人眼里不是专治疟疾的神药，它是一种应用非常广泛的草药。无论是头疼脑热，还是跌打损伤，印第安人都会用它来治疗。所以，当殖民者把疟疾带到美洲大陆之后，金鸡纳树皮对疟疾的疗效也就自然而然地显露了出来。

在金鸡纳树皮中，奎宁的含量是足够高的，这是人类的幸运，因为只需要吞服金鸡纳树的树皮，就能实实在在地观察到奎宁带来的疗效。这就给了人类发现奎宁的机会。

但是，另外一种抗疟神药——青蒿素的发现，就没有这么幸运了。记载了青蒿可以治疗疟疾的古书叫作《肘后备急方》，药方里提供的方法是将一把青蒿浸泡在 2 升水里，再绞成汁水喝下去。但是，我们用现代医学知识分析一下就可以知道，无论是把青蒿榨成汁喝下去，还是直接嚼了吃下去，都不可能治疗疟疾，很简单，因为有效成分的纯度远远不够。换句话说，青蒿素虽然存在于青蒿中，但由于其隐藏得太深，导致古人根本无法通过简单的观察看出它的疗效。

1　Hobhouse, H. (2005). *Seeds of Change: Six Plants that Transformed Mankind*. Counterpoint.

1967 年 5 月 23 日，一场寻找抗疟新药的全国大会战打响了。超过 60 个研究所的 500 多名科研人员一起加入了寻找抗疟新药的大计划[1]，这就是 523 专项计划。

在青蒿素被发现之前，科研人员已经完成了超过 4 万种化合物和中草药的验药工作，但无一例外均以失败告终。

在青蒿素的第一轮筛选中，屠呦呦团队受到了古籍所载方法的影响，重点尝试了榨汁、高温水煮和乙醇提取。但是，这些提取物对疟疾的治疗作用都很不明显。经过思考和讨论，屠呦呦团队决定，不应该被古书上的方案限制住，既然是验药，就应该尝试用各种方法提取药物中的有效物质。

转换思路后，屠呦呦团队重新设计了实验，他们把实验室里的常见溶剂与高温和低温环境进行排列组合，不放过任何一种获得有效物质的可能。

在这种地毯式的排查下，奇迹终于出现了。1971 年 10 月 4 日，编号 191 号的乙醚中性提取物在实验室中被观察到，对老鼠和猴子体内的疟原虫起到了明显的抑制作用，抑制率达到了 100％[2]。随后不久，屠呦呦在全国 523 抗疟药研究会上公布了实验结果，让与会的所有人都为之一振。

一切消息都是有利的，唯一遗憾的是，青蒿中的青蒿素含量实在太少了。如果使用青蒿来提取这种新药，必然会面临犹如奎宁当年的尴尬境地。

青蒿是我国本土最常见的菊科植物之一，既然在青蒿中可以提取到青蒿素，那么拥有共同祖先的其他菊科植物也完全可能拥有制造青蒿素的能力。那么紧接着的一步，就是在菊科植物中寻找青蒿素含量最高的一个品种。

菊科植物在我国分布极广，从最北方的黑龙江，到最南方的海南省，

———————————

1　刘宗磊, 杨恒林. 青蒿素类药物研究进展 [J]. 中国病原生物学杂志, 2014, (01) : 97-99.

2　刘天伟, 屈凌波, 相秉仁. 青蒿素类抗疟药的进展 [J]. 中国医药导刊, 2003, (06) : 399-401.

大约分布着将近 3 000 种不同的菊科植物。这又是一次全国总动员的大型科研活动。一时间，全国各地的科研单位都就近采集了本省的菊科植物，仔细化验了青蒿素的含量。最后，一种叫作黄花蒿的植物脱颖而出，成了我们提取青蒿素的最终选择。

黄花蒿

从上面这个研究历程可以看出，青蒿素的发现本质上就是拿着植物百科全书，一种一种植物，一种一种提取方法试过去，这种效率是极低的。

自古以来，不知道有多少人把治病救人的希望寄托在植物身上，但是在现代药学获得长足发展之前，古人们只能通过直观的体验来发现药物。

中国有句古话，叫"良药苦口"。这句话的科学解释是，苦味意味着复杂生物碱类化合物的存在。药物越苦，里面的化合物可能就越多。化合物越多，就越有可能存在某种真能治病的物质。所以，只有苦味的东西适合入药。如果某种食物只有纯粹的甜味，那里面的主要成分一定是糖，可用化合物的数量也一定很少，当然也就不适合入药了。

良药苦口是一个正确的经验，但却没什么实用价值。古人如果想知道这些复杂的化合物对疾病到底有效没效，那就只有以身试药这一个办法了。如果吃了药以后，病人感觉良好，那古人就会判定药物有效。如果吃药之后病情恶化，那药物就可能无效。在人类的历史上，罂粟、大麻、古柯叶这类有镇痛和麻醉效果的植物，在世界各地都是包治百病的神药，就是因为它们的麻醉作用可以让患者感觉良好。现在我们知道，减少疼痛也是一种有效的治疗方式，减轻了疼痛的患者确实更容易从疾病中康复。

也许我们能通过自我感觉比较准确地判断我们的身体是否有病，但关于药物对病症的疗效，我们完全无法判断。

奥地利化学家汉斯·安德萨格[1]测试了 12 000 种化合物，才最终找到了氯喹。我国动用了举国之力，用人海战术，在三年内完成了 40 000 多种化合物和中草药的验药，才找到了青蒿素。

一直到 20 世纪 90 年代，找到一种新药的平均代价还是合成和筛选 1 万～10 万种化合物。但是，随着时间的推移，能够通过简单化合物就实现有效治疗的疾病已经越来越少，大部分的疾病都需要用到更复杂的化合物来治疗。到 2020 年，开发一款新药需要筛选的化合物数量已经飙升到了 800 亿个，应该很快就会达到 1 000 亿这个数量级了[2]。

现在，每一个现代化的药物研发企业都拥有一个数量极为庞大的化合物库。几乎所有已知植物能够天然合成的化合物，都已经被囊括在化合物库中。目前，从概率上讲，想在植物中发现一种我们闻所未闻的新化合物，即便不用考虑它的药用价值，也几乎是一件不可能完成的任务。

金鸡纳树中的奎宁和青蒿当中的青蒿素，已经成为制药史上不可复制的传奇。大量的植物药曾经伴随人类走过上千年的时光，有效也好，无

1　Krafts, Kristine & Hempelmann, Ernst & Skórska-Stania, Agnieszka. (2012). From methylene blue to chloroquine: A brief review of the development of an antimalarial therapy. *Parasitology research*. 111. 1-6.

2　*Guidelines for the treatment of malaria. Third edition*. (2015). World Health Organization.

效也罢，它们都是人类从古代医学到现代医学所经历的每一次蜕变的见证者。

郁金香，狂热背后的历史真相

1636 年 12 月的一个清晨，经历了两个多星期的海上漂泊之后，一艘来自伊斯坦布尔的货船，终于在阿姆斯特丹港停泊了下来。

卢卡斯是一名身材魁梧的年轻水手。昨天晚上，他按照要求认真地整理了一个装满"洋葱"的货仓。他忙碌了一晚上的奖赏，是一条上好的腌鲱鱼。腌鲱鱼是卢卡斯最喜欢的美味，他打算下船以后，到码头上去享用这顿美餐。

卢卡斯整理好自己的东西，带着腌鲱鱼从货仓里钻了出来。他一出来就有点后悔了，因为他最喜欢的鲱鱼的吃法，就是把切碎的洋葱撒在鲱鱼肉身上。货仓里有那么多"洋葱"，他竟然忘记随手拿一颗出来。正在沮丧的时候，卢卡斯惊喜地发现，不远处的交易柜台上，就放着一颗"洋葱"。他想都没想，伸手就抓起那颗"洋葱"，揣到兜里带走了。卢卡斯心想，谁会在意一颗洋葱呢？

下了船，卢卡斯才感到有点饥肠辘辘了。他在码头上找到了一堆缆绳，舒服地坐下，掏出小刀，仔细地把"洋葱"切碎。洋葱切得越碎，味道就越容易与腌鲱鱼的味道混合起来，吃起来就越过瘾。

就在卢卡斯惬意地享用美味的腌鲱鱼早餐时，几个气势汹汹的家伙把他给围住了。一个富商模样的中年人拨开人群走进来，质问卢卡斯说："有人看见你偷走了放在交易柜台上的郁金香种球，我很希望这是个误会。"

卢卡斯一脸错愕地说："先生，我不知道你说的郁金香是什么东西。如果你说的是那个放在柜台上的洋葱的话，我很抱歉，确实是我拿了。"

这颗丢失的郁金香种球名叫"永远的奥古斯丁"，是一个至少可以卖到3 000荷兰盾的优良品种，据说整个荷兰也不过只有几颗而已。不过眼前这位小伙子显然真的不知道郁金香种球的价值。

　　富商松了一口气，对眼前的水手说："没关系，这只是个误会。只要你把郁金香还给我，我就不再追究你偷窃的事情了。"

　　年轻的水手卢卡斯终于明白，为什么这颗切碎的洋葱，并没有洋葱的味道了。他知道自己惹了祸，颤巍巍地回答说："先生，我很愿意归还您的郁金香，但是，我好像已经把它切碎了。"

郁金香的种球

　　这真是一个相当悲剧的故事。如果年轻的水手卢卡斯知道，自己手里的这颗郁金香种球，是他当一辈子海员也买不起的贵重东西，他肯定是下不去刀子的。后来，怒不可遏的富商真的把这个海员告上了法庭。在法庭上，法官意识到，一颗郁金香种球的价格，超过了一个海员一辈子的收入，这显然是不太正常的。

　　故事的最后，水手卢卡斯遭受了几个月的牢狱之苦，而富商当然没有拿到他期望的 3 000 荷兰盾的赔偿。这次判决的结果，也让更多的郁金香投机者意识到，郁金香好像真的值不了这么多钱。不久之后，整个荷兰的郁金香价格开始疯狂下跌，很多持有大量郁金香种球的商人瞬间变得一贫如洗。整个荷兰的经济，也因此遭受沉重的打击。

现在，与郁金香狂热事件相关的各种各样的故事已经广泛流传开来，只要我们提到不理性的投资行为，就会把这些故事找出来再讲一遍。"郁金香狂热""郁金香泡沫"或者"郁金香效应"这些词已经成为经典的经济学术语，被永久地载入史册。

1976 年，在剑桥大学出版社出版的《欧洲经济危机时代》中，作者就引用了这起事件。这本书的作者认为，郁金香的市场泡沫破裂，很可能是引发荷兰经济危机的重要原因。

2015 年 3 月，中央电视台播出过一部名为《郁金香效应：关于郁金香的疯狂投资》的纪录片。在这部纪录片里，郁金香狂热成了避免非理性投资的负面教材。其中就提到："这股热潮几乎席卷了荷兰各个阶层的人，许多荷兰人损失惨重。"

《齐鲁晚报》在 2017 年 2 月也发表过一篇传播很广的文章，名叫《荷兰的郁金香泡沫：一朵小花搞垮一个大国》。这篇文章里写道："事实上，郁金香泡沫对于荷兰这个国家的打击，并不仅仅是参与投机的那部分蚀掉的本钱，而是它打乱了荷兰的整个经济结构。经此一折腾，荷兰原本引以为傲的造船业都停顿下来，让位给花卉种植业。不造航船改种花的荷兰，最终在 17 世纪的海上争霸中输给了英国。更为重要的是，泡沫破灭也让民众看到了政府的贪婪，为了更多地收取交易中的印花税，荷兰政府前期曾助推过'郁金香泡沫'的兴起，负债累累的民众自此不再信任他们之前曾浴血保卫过的国家和政府，荷兰就这样丧失了走向强大的门票。"

我相信很多读者都听说过郁金香狂热事件。很多年以来，我也从来都没有怀疑过这些故事的真实性。但是，在我整理资料的过程中，发现了两个与常见说法截然相反的重大疑点。

第一个疑点是，郁金香狂热事件发生在 1636 年的 2～4 月，而在这段时间里，郁金香是种在地里，而且不会开花的状态。这个时间段的郁金香种球，是不可能挖出来，拿到拍卖会上去拍卖的。因为这样做，必然会影响到郁金香的开花。即便花农愿意把这些郁金香挖出来，在它们开花之前，也完全无法通过种球的样子，来辨识出相应的品种来。这是一个基于植物学的疑点。

第二个疑点是，很多故事都强调，一些超级稀有的郁金香种球被炒到了天价的程度。但是，故事里还说，这些炒作导致的经济泡沫，扰乱了整个荷兰的经济秩序，甚至把昔日的海上马车夫，拖入了经济危机的泥潭。这样的说法显然太夸张了。因为无论在什么时代，都会有类似的现象发生，比如说某品牌的限量款皮包卖到了几百万美元，某位画家的作品拍出了几亿元的价格。

1985 年的时候，我国的吉林省长春市，就发生过一次跟郁金香狂热很类似的事件，就是君子兰狂热。当时长春一个普通工人的工资，只有 50～60 块钱，但是一盆君子兰的价格，可以炒到几十万甚至上百万。那长春的经济崩溃了吗？没有。正相反，长春借着这个机会，发展了花卉产业，实实在在地成了北方春城，君子兰也成了长春的城市名片。

所以说，这是关于郁金香狂热事件的第二个疑点，是基于经济学的疑点。

于是，为了把郁金香狂热的故事讲好、讲正确，我决心要拿到第一手文献资料。下面我就把整个调研的过程从头到尾讲给你听。

现在被人引用最多，并作为"郁金香狂热"事件存在的例证，就是查尔斯·麦凯写的《异常流行的幻象与群众的疯狂》[1]这本书。

这本书是作为回忆录出版的。书里记录了很多当时发生的故事，有很多故事确实也不乏生动的细节。这些生动有趣的故事，让这本回忆录不仅流传甚广，还获得了后世极大的褒奖。本章开头的那段小故事的最初版本，也出自这本书。

比如《华尔街日报》就说："这本书具有唤起人们回忆的力量，因为它生动记载了人类各种各样的愚行、痴迷和自欺欺人[2]。"

还有，美国"好读网"也称赞这本书说："这是有史以来描写市场心理学的最佳书籍[3]。"

这本书里有几个流传最广、最让人印象深刻的观点：

1. 一个名叫"永恒的奥古斯都"的郁金香品种，价格抵得上阿姆斯特丹的一套豪宅；

2. 有些郁金香品种在一个月里，价格涨了几百倍；

3. 参与郁金香狂热的人非常多，各个阶层都有，很多人因此倾家荡产；

4. 市场价格崩溃后，所有的郁金香价格都跌到了谷底；

5. 荷兰的经济因此受到了重创，泡沫破灭后，荷兰经济开始走下坡路。

乍听起来，这些好像都是逻辑严密的历史事实，但是如果你仔细一琢磨，就会发现不对劲的地方了。

因为这本书首次出版的时间是 1841 年，而"郁金香狂热"发生的时间是 1637 年，这前后足足相差了 2 个世纪的时间。虽然这本书的作者是苏格兰的专业记者，但是这位记者对于郁金香泡沫肯定是没有亲身经历的。

1　MacKay, C. (2012). *Extraordinary popular delusions and the madness of crowds*. Simon and Schuster.

2　Dirda, M. (2019, April 3). The 19th-century book that helps us understand the allure — and perils — of social media. *The Washington Post*.

3　*Extraordinary Popular Delusions and the Madness of Crowds (Charles Mackay)*.

那么，这本书还能被称为回忆录吗？这位专业记者的写作素材，又是从哪儿找来的呢？

继续追查下去，会发现，麦凯这本回忆录的写作素材，大部分都来自1637 年印刷的一本名叫《韦尔蒙特和盖尔戈特的对话》[1] 的小册子。这本小册子用对话体描写了这么一个故事：有一个名叫盖尔戈特的人，他花言巧语地劝说他的朋友韦尔蒙特把全部家当都投入到郁金香的交易中去。这个小册子的目的就是揭露骗局，规劝那些不了解郁金香市场的外围投机者不要参与到郁金香种球的炒作中去。

这么说来，问题就比较严重了。因为一本曾经被认为是回忆录的书，却是 200 年后的一位记者写出来的。更糟糕的是，这本书使用的参考资料竟然不是历史文献，而是一本规劝外围投机者的道德宣传小册子。大家想想也能知道，如果这本小册子的目标是规劝，而不是记录史实，那它里面记录的故事，就很有可能是作者杜撰或者夸张出来的。

好在一个历史事件，它的真相一定不会只记录在一本小册子里。荷兰作为发明了现代公司制度和股票交易制度的先进国家，在商品交易方面，必然会留下很多数据和资料。所以我就想查证一下，书里流传最广的几个观点，到底是不是真的。

根据麦凯在书里的描写：最珍贵的是一种叫作"永恒的奥古斯都"的郁金香球茎，价值 5 500 荷兰盾。据说，在 1636 年初，全荷兰只有两颗奥古斯都的球茎。那些投机者们急于得到它，以至于有人愿意出 12 英亩土地作为交换。12 英亩约等于 48 562 平方米，相当于 7 个标准足球场那么大。后来，在阿姆斯特丹，人们曾经用 4 600 荷兰盾再外加一辆新马车、两匹马和一套完整的马具买下了它的一颗球茎。

1　*T'samen-spraeck tusschen Waermondt ende Gaergoedt, nopende de opkomste ende ondergangh van Flora.* (1637).

郁金香画册中的"永恒的奥古斯都",由当年的商人绘制

但是,真实的情况并非如此。"永恒的奥古斯都"这款郁金香之所以价值连城,是因为它有着红白相间、类似火焰一样的美丽花色。出现这种花色的原因是郁金香的球茎受到了郁金香花叶病毒的感染。郁金香的球茎感染了病毒之后,再开出的花朵,就会出现复杂的红白相间的条纹。

对于"永恒的奥古斯都"能售出 5 500 荷兰盾的高价,书中的解释是这种郁金香数量非常稀少,整个荷兰只有两棵。

但真实情况是,早在 1576 年,荷兰植物学家卡罗勒斯·克鲁修斯[1]就已经发现了郁金香感染花叶病毒的现象,并且做了严谨的观察记录。

---

1 The Editors of Encyclopaedia Britannica. (1998, July 20). Carolus Clusius (French botanist). *Encyclopedia Britannica*.

感染了花叶病毒的郁金香

　　感染了花叶病毒的郁金香并不会一直活着，它们会逐年衰弱，然后在2～3年里死去。如果一株郁金香小苗感染了花叶病毒，那么它根本无法长到开花，就会枯萎死亡。所以，制造花叶郁金香的唯一方法，就是把已经感染了花叶病毒的郁金香球茎的碎块，嫁接在健康的郁金香球茎上。这样，下一年这株被嫁接了病毒的郁金香就会染病，然后在死亡之前开出艳丽的花朵。所以说，根本没有"永恒的奥古斯都"这个品种，或者可以说，每一颗郁金香球茎，都可以是"永恒的奥古斯都"。

　　在1637年之前，荷兰的花农就已经懂得如何控制郁金香花叶病毒的传染，也具备给健康球茎嫁接上病毒的技术。所以说，"永恒的奥古斯都"只有两棵，完全是一种很外行的说法。或者，这只是为了炒作而发明的话术而已。

美国经济学家彼得·贾布尔一直都对"郁金香狂热"事件很感兴趣。1989 年，他专门针对事件前后多个郁金香品种的市场价格的波动情况做了研究。贾布尔还真的找到了比较可靠的交易数据，数据表明，"永恒的奥古斯都"的最高成交价格是 6 290 荷兰盾，比书中写的 5 500 荷兰盾还高出不少。

虽然整个荷兰只有两棵"永恒的奥古斯都"这件事并不靠谱，但是看起来，非理性投资现象倒是真实不虚的。

发芽的郁金香球茎

另外一则流传甚广的传闻是，在 1 个月里，有些郁金香品种的价格上涨了几百倍。这一点在刚刚提到的彼得·贾布尔的论文中也能找到答案。根据贾布尔论文中的调查数据，其中一款价格增长幅度最大的郁金香，价格也只增长了 30 倍，并不是我们经常听说的几百倍。

但是，能在短时间内出现 30 倍的价格增长，也足够让人吃惊了。在 1634 年以前，荷兰的郁金香交易还是比较平稳的。郁金香在 6 月开花，在花期的时候，买主就会到花田里看花，并且与花农谈价。付款之后，花农就会把郁金香球茎从土壤里挖出来，交付给买主。这样买主就可以确保，

TABLE 2

GUILDER PRICES OF TULIP BULBS COMMON TO 1637, 1722, AND 1739 PRICE LISTS

Bulb	January 2, 1637	February 5, 1637	1722	1739
Admirael de Man	18	209	...	.1
Gheele Croonen	.41	20.5	...	.025*
Witte Croonen	2.2	57	...	.02*
Gheele ende Roote van Leyden	17.5	136.5	.1	.2
Switsers	1	30	.05	...
Semper Augustus	2,000†	6,290	...	.1
Zomerschoon	...	480	.15	.15
Admirael van Enchuysen	...	4,900	.2	...
Fama	...	776	.03*	...
Admirael van Hoorn	...	65.5	.1	...
Admirael Liefkens	...	2,968	.2	...

NOTE.—To construct this table I have assumed a standard bulb size of 175 azen. All sales by the bulb are assumed to be in the standard weight, and prices are adjusted proportionally from reported prices. When more than one bulb price is available on a given day, I report the average of adjusted prices.
* Sold in lots of 100 bulbs.
† This was the price of the Semper Augustus bulb on July 1, 1625.

贾布尔的论文

明年这些郁金香球茎，一定还会开出同样花色的花朵。

但是，到了 1634 年之后，由于对稀有品种郁金香的需求逐渐增加，郁金香球茎的交易方式也发生了根本性的改变。出售郁金香的商人把郁金香的花朵画成了画册，这样，用不着等到郁金香开花，就可以完成指定品种的期货交易了。花农只要保证自己在第二年的 6 月份，能交付自己承诺的品种，那就可以提前开始销售了。

于是，中间商会故意减少流行品种的期货供应量，来突出这些品种的稀缺性。为了满足第二年欧洲贵妇对郁金香的需求，买主就不得不高价购买期货。在期货交易中，人们并不需要真的支付全款。他们在公证人的担保下，只需要支付很少的定金，甚至根本不用付钱，只凭信誉就能拿下订单。到了第二年 6 月，花朵正式交货的时候，才需要支付剩余的余额。

投机者发现，那些喜爱郁金香的贵妇，有着超高的心理价位。只要把郁金香的期货买下来，总会有人愿意开出更高的价格把它们买走。这才是郁金香的价格能在短时间内被迅速推高的原因。

这个推高郁金香价格的原始动力，并不是投机者的贪婪，而是欧洲贵妇们对郁金香的消费意愿。所以，真正被炒出天价的郁金香，只有最受欢迎的个别品种而已。

麦凯在他的书里说："根据记录，从最富有的商人到最贫穷的清洁工，都加入到了郁金香的抢购当中……那些已经付款的商人要么负债累累，要么破产。"

听麦凯的描述，感觉郁金香狂热已经席卷了荷兰各个阶层的人，整个荷兰损失惨重。但这也不是真相。真相是：价格涨得快，但崩得也快。由于大家进行的是期货交易，所以在郁金香泡沫破裂的时候，等待交易的郁金香还没到花期，根本无法交易。只有等到郁金香开花，买主们才会付钱，而价格的崩溃，已经让买主们准备毁约了。

1637年2月24日，在阿姆斯特丹召开的花商代表会议提议，1636年11月30日之前签订的郁金香销售合同必须执行。之后的合同，买主可以在支付销售价格10%的前提下毁约。

但是，即便如此，荷兰政府也没有采纳这一方案。其中的原因是，有很多品种的价格已经跌入谷底，即便只缴纳10%的违约金，买主也根本不愿意接受。

1637年4月27日，荷兰政府决定暂停所有的郁金香合同，然后根据实际情况，制定一个合理的补偿价格。在暂停期间，卖方有权以任意价格处置合同中约定的郁金香球茎。也就是说，以前的合同都不算数了，郁金香可以自己随意处置。至于赔给卖家多少钱，政府心中有数。

后来，政府果然采取了保护买家的政策。1638年5月，西部城市哈勒姆市的议会通过了一项规定，只要买家支付合同总额的3.5%，就可以终止合同。很快，其他的城市也纷纷仿效。

政府的调解是有效的，3.5%的赔偿金拯救了买主，这显然不会让他们倾家荡产。所以，某些报道中所说的"荷兰成千上万人倾家荡产"，显然并没有真的发生过。

那么参与这场狂热交易的总共有多少人呢？有一本学术研究著作《郁金香狂热：荷兰黄金时代的金钱、荣誉和知识》[1]，它的作者安妮·戈德加[2]是伦敦国王学院研究早期历史的教授。她深入地做了一番调研，试图还原出一段真实的历史。

根据她的考证，支付超过 300 荷兰盾的荷兰人只有 37 个[3]，300 荷兰盾相当于现在的 6 万元，虽然不算少，但肯定也不能算是什么巨款，而且影响的人数只有 37 个，实在称不上"举国上下"或者"各个阶层"。

经过戈德加的最终确认，参与郁金香狂热期交易的人，也就是荷兰政府协调了赔偿金的人，她确认的数字是 350 人。考证之后，连她自己都觉得这个数字实在太少了。但是她确认，大多数参与交易的买家，都是那种有能力进行奢侈品投机的人——他们能够承担其中的损失。他们都是商人，而不是普通的平民百姓。

很有意思的是，在市场泡沫破裂之后，并不是所有的品种价格都会跌入谷底。其实原因也很简单，郁金香市场之所以会产生泡沫，是因为欧洲有一些贵妇真的对稀有的郁金香有消费需求。虽然郁金香狂热事件制造了泡沫，但市场需求却依然存在。那些可以大量种植的普通品种，价格会一直跌到平均水平。但那些稀有品种，比如需要嫁接病毒才能开出花朵的"永恒的奥古斯都"仍然还可以卖个好价钱。

经济学家贾布尔在论文中分析，在郁金香狂热事件的过程中，大部分稀缺品种的价格波动，与 18 世纪郁金香的市价长期波动范围相差不多。

1　Goldgar, A. (2008). *Tulipmania: Money, honor, and knowledge in the Dutch golden age*. University of Chicago Press.

2　*Goldgar, Anne*. (2017, October 14). NIAS.

3　Roos, D. (2020, March 16). The real story behind the 17th-century 'tulip mania' financial crash. *HISTORY*.

180 年前，麦凯在书里写道："荷兰人对拥有郁金香的狂热程度如此之高，以至于该国的普通工业都被忽视了。"

180 年后，《齐鲁晚报》感慨："一朵小花搞垮了一个大国。"

但历史的真相却是，郁金香狂热对荷兰的经济几乎没有留下任何可见的影响。

这是一个非常典型的错误使用信源的案例。如果文章的作者先入为主地相信一个结论，再为了证明这个结论努力地寻找素材，用这样的方法写出来的文章，必然会让真相离读者越来越远。

我经常说"事实需要信源，观点需要论据"，哪怕是像"郁金香狂热"这样耳熟能详的历史事件，只要秉持着科学精神，遇到疑点多思考一层，遇到问题多找点资料，也不难找到一个更接近真相的结果。

槟榔，口腔里的恶魔果实

1993 年 3 月的一天，河北省张家口市的下八里村，村民们一如往常地开始在农田里进行耕作。他们翻耕了田垄，引水到沟渠中。但今年似乎有些特别，在其中一片庄稼地里，水没有停留在沟渠中，而是都沿着地表冒出来的一个土洞渗到了地下。由于过去这片区域陆陆续续曾发现过很多古墓，村民们非常有经验地停止了浇灌，把省文物研究所的工作人员请到了村里。果不其然，在这片庄稼地下面是一个辽代的古墓群，距今已有上千年。经过几个月的挖掘整理，考古人员们先后探测出了十座古墓。当考古人员打开第 9 号墓门时，一个意想不到的场景出现在了人们的面前。

打开墓室门，映入眼帘的是一张巨大的方桌，桌子上盛有二十几个餐盘，盘子中摆着各种美味佳肴，梨子、枣、葡萄等水果不需要仔细辨认就能看出来，还有一个碗里盛有 30 多粒板栗，每一粒都完好无损。甚至当考古人员刚刚进入墓室之时，还能依稀闻到酒香[1]。仿佛这位叫作张文藻的墓主人不是已经逝去千年，而是刚刚准备好一桌酒菜等待着客人的到来。

这座墓中最有趣的一个发现，是在其中的几个碗里发现了一种热带植物的果实——槟榔。槟榔只在我国的海南、台湾等南方少数区域才有种植。即使在今天，槟榔在当地也不算常见。那么上千年前，槟榔是如何跋山涉水来到草原，它又为何会出现在北方游牧民族的餐桌上呢？在回答这些问题前，我们要先前往热带看看槟榔的生长环境究竟如何。

新鲜的槟榔

槟榔是棕榈科槟榔属的植物，正如大多数的棕榈科植物一样，槟榔是一种不折不扣的喜温植物。它基本上只能生活在赤道附近的热带雨林中，喜欢潮湿温暖多光的环境。乍看上去，在这样的环境中生存，槟榔应该是非常"娇气"的，因为这样的环境提供了植物生长最需要的资源：阳光和水。相比于温带和寒带的环境，似乎热带、亚热带就是植物的天堂。事实也确实如此，热带雨林区域的生物多样性的确是所有环境类型中最高的。

---

1 郑绍宗 . 河北宣化辽张文藻壁画墓发掘简报 [J]. 文物 , 1996, (09) : 14-48+99.

疯狂的植物

但正是因为生物种类多，在热带生存的竞争压力反而最大。如果还是拿经济学来打比方，那么热带雨林无疑就是一片红海。无数的竞争对手在同一片市场中挣扎，虽然资源看起来确实很充足，但再充足的资源在竞争面前依然存在着稀缺的问题，热带雨林中的阳光正是如此。

在热带雨林中，垂直结构非常明显，一般会形成林冠层、下木层、灌木层、草本层和地被层[1]。林冠层一般都是由 20～100 米左右的高大乔木组成，它们基本上都是喜阳的植物，会吸收大部分的阳光；下木层则由稍微矮一点的乔木和幼树组成，对阳光的需求没有那么高；再往下逐渐到了灌木和草本层，阳光就这样被一层层过滤；到了地被层，基本上已经看不见直射的阳光，真的变成了"遮天蔽日"。

而且资源达到一定量后，再增加就不一定是好事了，反而可能会形成"资源的诅咒"。在热带雨林中，降水就是如此。热带雨林区域的年平均降水量会达到 2 000 毫米[2]，这对于植物的叶片和根部都是很大的考验，环境很容易被水占据，造成缺氧的状态，这反而对生存不利。降雨多还带来了另外一个问题——土壤中的养分很容易被降雨带走。所以尽管热带雨林的生物量非常大，但热带雨林区域的土壤却异常的贫瘠。热带雨林中的生物一旦死亡，它残骸中的营养元素还没回归到土壤，就会被昆虫和真菌所分解。这就造成了在热带雨林的土壤中，植物生长所需的氮、磷、钾元素含量都不高，而土壤中过量的铝、铁离子等反而容易对植物造成毒害。想要在这样的环境下生存，还是需要拿出自己的看家本领才行。

现在，如果我们再来看以槟榔为代表的棕榈科植物，就会发现它们在这么激烈的竞争下生存有多艰难了。棕榈科植物种子的发芽速度并不快，

1　曲向荣主编 . 环境生态学 [M]. 北京：清华大学出版社，2012.

2　Newman, A. (2002). *Tropical Rainforest: Our most valuable and endangered habitat with a blueprint for its survival into the third millennium*. Checkmark Books.

想要快速和别的植物抢占生态位并不容易，但这个问题还不是最关键的，最致命的问题在于棕榈科是单子叶植物。

发芽的槟榔种子

　　所谓的子叶，就是由胚生出的幼叶，再通俗一点就是种子发芽时是长出一片还是两片叶子。不要小瞧这一点点的差别，单子叶和双子叶是植物分类上最显著的区别之一。我们熟悉的小麦、玉米和水稻，它们也都是禾本科的单子叶植物。如果你对它们足够熟悉，就知道它们的花非常不起眼，甚至你都不一定能看到它们的花。这也是单子叶植物的特征之一，这类植物基本上是靠风传播花粉，放弃了对昆虫的吸引。棕榈科植物同样是单子叶植物，虽然它们的花不至于像禾本科那么寒酸，但也算平平无奇。想要在热带雨林这么多植物中靠"美貌"吸引昆虫授粉，基本上没戏。

　　不仅如此，由于结构上的区别，单子叶植物在生长过程中不存在次生生长，也就是茎干没有形成层。所以当棕榈科植物生长的时候，会先完成茎干的横向生长，然后才进行纵向生长。如果把植物当作一个工厂，这个公司的领导人要先决定这个公司的体量有多大，生产规模有多少，把一切

　　　　　　　　　　　　　　　　　　　　　　　　　　疯狂的植物

都规划好以后才开始生产，而不是先生产着，边生产边扩大规模。这就非常考验工厂领导的智慧了，一旦环境发生改变，很容易存在盲目扩张或者产能不足的风险。对于棕榈科来说，在它们身上是看不见年轮这种结构的，而一旦进入纵向生长，棕榈科就只能往高生长，茎干的直径一般不会再增大了。

单子叶植物的特性，还让棕榈科有了一个更加致命的风险：它一般不具备侧生分生组织，即棕榈科植物一般只有顶芽而没有腋生的枝芽，而且棕榈科植物的顶芽也没有再生能力。说得更通俗一点，棕榈科植物只能往上长，不能分叉，而一旦往上长的顶芽被破坏了，那么整株植物都会死亡[1]。这就和种百合花是一样的，假如不小心把百合的花头弄断了，哪怕其他部分还是完好的，这一株百合茎上今年也不会长出新的花头了。

正是由于以上三点特性，棕榈科植物先天就比热带雨林中其他的双子叶植物缺乏竞争力，它们似乎应该龟缩在热带雨林的某个隐蔽的角落，成为需要保护的物种才对。但事实恰恰相反，我们对于热带风情的很多想象都来自棕榈科：棕榈油、椰子汁、蜜枣果、西米、蒲葵扇……热带的民族对棕榈科绝对不陌生，它们充斥在生活的各个角落。在某种意义上，我们甚至可以把棕榈科称为热带雨林中最成功的类型。那么，棕榈科是如何突破重围，在众多热带雨林植物中脱颖而出的呢？

这就要说到棕榈科为了适应热带生长环境所作出的深度绑定。对于棕榈科植物来说最关键的就是顶芽，而在整个生长周期中，从种子萌发出嫩芽正是最脆弱的阶段。在这个阶段，哪怕一只甲虫都可能使种子的努力白费，所以这个阶段对于种芽的保护是重中之重。棕榈科演化出了一种叫作鞘叶的结构，它一般呈圆筒状，相当于给幼芽外面穿了一件外套，等幼芽

1　廖启炘，杨盛昌，梁育勤编著.棕榈科植物研究与园林应用[M].北京：科学出版社，2012.

开始长出叶子后，鞘叶就会枯萎掉落。但这还没完，鞘叶保护形成的第一片叶子，叫作初生叶，它的结构和棕榈科之后长出来的叶片都不一样。尽管已经有了叶片和叶柄的分化，也已经可以进行光合作用了，但它的作用似乎依旧是保护顶芽，是为了让更多真正的叶子长出。这个过程发生的时间非常短，所以我们通常很难观察到棕榈科的鞘叶和初生叶，一般见到的都是它们的成熟叶片。

棕榈树的幼苗

度过了最危险的时期，棕榈科下一步就需要考虑如何利用资源了。它们在地上和地下采取了不同的策略。

在地上部分，棕榈科的叶片一般都会变长、变大，这样就可以在竞争激烈的热带雨林中尽量多地吸收阳光。棕榈科有一种叫作美洲酒椰（Raphia taedigera）的植物，它的叶片最长可达 25 米，有可能是植物界中最长的叶子[1]。但叶子变大的同时，又会产生另外一个问题：如何把多余

1　Smith, N. (2015). *Raphia taedigera* . In: Palms and People in the Amazon. Geobotany Studies. Springer, Cham.

　　　　　　　　　　　　　　　　　　　疯狂的植物

的降水及时从叶片排出，不然这么大的叶片承载了多余的水，很容易受到伤害。棕榈科对待这个问题的解决方法，就是把叶片演化成掌状或者羽状，这样降水很容易集中在叶片的中央再排出叶片，并且这样的结构还能有效地散热，使棕榈科植物不会因为高温而受到伤害。

棕榈树叶

在地下部分，由于热带雨林的土壤中缺乏养分，那么把根扎得很深就没有什么意义了，但是植物想要长得高去争夺阳光，又必须根基牢固。棕榈科想出的办法就是尽量多地产生须根，也就是更容易向周围生长而不是向下生长。这些须根又起到了直根的作用，本身长得非常粗壮，把植物的重量尽量分散到附近，甚至棕榈科还会产生支持根帮助巩固植物的躯体[1]。

但这样的结构，终究还是治标不治本。因为棕榈科还需要解决一个重要的问题，就是如何"变胖"，仅靠根部的支持而不能让茎干变粗，棕榈科始终无法突破长得太高的瓶颈，终有一天会被"拦腰折断"。前文已经说到了，棕榈科是单子叶植物，而单子叶植物的茎部没有形成层的结构。形成

1　祁午 . 棕榈科植物的养护 [J]. 林业与生态 , 2014, (08) : 28-29.

层最大的作用，就是它可以不断地分化，靠近树皮的部分会形成韧皮部，成为输送养分的通道，而靠近树中央的部分则会变成木质部，这样可以让植物在长高的同时长粗。

那么棕榈科是如何解决这个问题的呢？由于单子叶植物的维管束（运输养分和支撑作用的通道）不是在树皮，而是在茎干的内部，所以棕榈科在长高的过程中，会在茎干伸长的同时形成一个特殊的环状结构，叫作初生加厚分生组织。它虽然和形成层产生的原因不一样，但却起到了类似的作用。它会通过细胞的分裂让新长出的茎干不断地撑开，让茎干慢慢变粗。虽然这样的结构肯定没有形成层这样专业的结构效率高，但它也弥补了棕榈科不能长粗的遗憾。这在植物学上叫作特殊次生生长，也是独属于棕榈科的技能。

棕榈树干的横切面

当然，结构上的调整还不足以让棕榈科适应环境，它们在形态上也非常多变。既然顶芽遭到破坏就不能生长，那么有一类棕榈科植物就变成了丛生，它们之间有同一根地下茎相连。如同把鸡蛋分散到不同的篮子里，只要其中有一株可以顺利生长，整片植物就保留生存的希望。棕榈科形态的多变还体现在它从乔木到灌木乃至藤本都有，最高的棕榈科植物可以高达 60 米，而最低矮的棕榈科植物只有 20 厘米左右，不比一棵草高[1]。

解决了生存问题，棕榈科植物自然也要考虑繁殖的问题。棕榈科植物的果实一般是浆果或者核果，颜色也比较鲜艳，特别吸引哺乳动物，尤其是灵长类动物的注意。在如何吸引灵长类动物帮助它们传播种子这个问题上，棕榈科植物也是各显其能，有的产生丰富的油脂，比如油棕（Elaeis guineensis）（顺便提一句，目前全球需求量最高的油种正是由油棕产生的棕榈油[2]）；有的产生甜美的物质，比如椰子和椰枣；相比之下，槟榔则是用更加高级的成分去诱惑人类帮助其传播种子，这就是槟榔果实中含有的槟榔碱。

正如尼古丁和咖啡因一样，槟榔碱也是一种生物碱，同样也可以使人类上瘾。槟榔是当今世界上产量第四大的成瘾植物，仅次于烟草、茶和咖啡[3]，而说起让人类上瘾的历史，槟榔甚至远比其他三种植物要更古老。

由于缺乏足够的证据，我们今天已经很难知道最早的槟榔出现在哪里，但是我们可以很明确地知道最早嚼食槟榔的人群是南岛语族，他们的足迹遍布今天印度洋和太平洋的众多岛屿和沿岸的热带地区。在印尼和马来西亚等国家，至今还有很多地区以槟榔命名。目前发现的人类最早嚼食槟榔的痕迹，来自菲律宾的一个洞窟内，这个洞中出土的人类牙齿上有明显的

1　廖启烁，杨盛昌，梁育勤编著.棕榈科植物研究与园林应用[M].北京：科学出版社，2012.

2　*Oilseeds Production Projected to Grow Faster Than Consumption, Stocks at Record High.* (2023, May). United States Department of Agriculture Foreign Agricultural Service.

3　Zdrojewicz, Zygmunt & Kosowski, Wojciech & Królikowska, Natalia & Stebnicki, Marek & Stebnicki, Michał. (2015). Betel - the fourth most popular substance in the world. *Polski merkuriusz lekarski : organ Polskiego Towarzystwa Lekarskiego.* 39. 181-185.

槟榔染色痕迹，距今已将近 5 000 年[1]。

　　如果我们现在前往海南岛或者东南亚等出产槟榔的地方，会发现当地人嚼食槟榔的方法非常独特。槟榔的果实会被切成丝或者条状，然后裹上一层石灰，外面再包裹一种叫作蒌叶（Piper betle）的植物。这是一种胡椒科的爬藤植物，它经常会缠绕在槟榔树上，叶片则带有一种特殊的香味。据说这样的食用方法可以减少槟榔的苦涩。在人类最早嚼食槟榔的遗址中，同样也发现了石灰的痕迹，这些用贝类烧制而成的石灰就放在了墓主人的附近。这说明现在依然使用的这种嚼食槟榔的方法，早在几千年前就已经出现了。

嚼食槟榔时搭配石灰与蒌叶

　　槟榔对于这些海岛民族来说，影响非常深远。在很多南岛文明中，都有以黑齿为美的风俗，也就是以故意把牙齿涂黑为美，而这个习俗也和当地人嚼食槟榔有着密切的关系。因为长期嚼食槟榔，槟榔碱会使牙齿变

　　1　Zumbroich, T. J. (2008). The origin and diffusion of betel chewing: a synthesis of evidence from South Asia, Southeast Asia and beyond. *eJIM*, 1(3).

色[1]，正如长期吸烟的人牙齿会变色一样。

南岛语族是非常擅长航海的民族。在他们驾驶简易的独木舟前往一个又一个陌生岛屿的同时，他们也把槟榔带到了这些区域。很早之前，我国的海南和台湾岛也已经有了种植和嚼食槟榔的传统。伴随着与中原文明的交流，汉朝征服了岭南的南越国后，还曾经尝试把槟榔等热带植物移植到当时的都城长安附近。汉武帝还专门修建了一座"扶荔宫"来移植这些南方植物[2]，但在那个没有空调和玻璃的时代，这些植物水土不服，最终没有一株植物能够存活下来。

由于嚼食槟榔具有提神的作用，而且槟榔具有一定的成瘾性，所以槟榔开始从热带区域慢慢向全世界扩展，特别是我国和印度。槟榔流传的过程也多了几分文化上的含义。前文提过槟榔作为棕榈科植物，只有顶芽没有侧芽，所以我国很早就将槟榔形容为"森秀无柯"[3]，也就是槟榔树没有枝丫，比喻没有二心始终如一。所以在我国古代的岭南地区和东南亚很多国家，婚礼的时候都会赠送槟榔，寓意着新人感情专一。

当槟榔传播到印度时，它很快就和当地的宗教仪式结合到了一起，这又加速了槟榔的传播。所以本文开篇才会提到，在我国北方的古墓中发现了槟榔的踪迹。整座墓葬中，许多地方都显示了墓主人有强烈的宗教信仰，包括壁画和棺材上都写有佛经，所以在一桌酒席上会出现槟榔，也有着宗教的原因。

但是与茶叶、烟草和咖啡这些同样可以让人上瘾的植物相比，槟榔却显得相当失败，基本上只在亚洲和大洋洲的一些岛国才流行。2017年，全球烟草的产量是650万吨，茶叶的产量是610万吨，咖啡的产量是921万

1　曹雨. 一嚼两千年：从药品到瘾品，槟榔在中国的流行史 [M]. 北京：中信出版社, 2022.

2　董涛. 夏阳扶荔宫的荔枝移植试验 [J]. 秦汉研究, 2011, (00)：191-198.

3　王卫. 槟榔之乡说槟榔 [J]. 内蒙古林业, 2017, (09)：42-43.

吨，但槟榔的产量只有 134 万吨[1]。然而在几百年前，槟榔是不折不扣的全球第一大致瘾植物，全球约 1/4 的人口都有嚼食槟榔的习惯。这就引出一个很有意思的问题：槟榔是如何在几百年间迅速从全球第一大致瘾植物的位置上滑落的呢？

关于这个问题，其实历史学家也有很多猜想。归纳起来主要有如下几个原因：首先，槟榔的产地有限，很难扩展到种植区以外的地方；其次，首次嚼食槟榔的体验并不好，很多人第一次吃槟榔会出现胸闷、发汗、头晕等反应；最后，嚼食槟榔的形象不好，要吐出红色的汁液和残渣[2]。

听上去似乎有些道理，但和别的致瘾植物一对比，又似乎说不过去。比如咖啡和可可，它们适宜种植的区域也很狭窄，但不影响它们成为全世界流行的植物；至于说感官和体验不好，这其实是上瘾物质普遍存在的问题，大多数对人具有精神刺激的物质，比如酒精和咖啡因，在我们人类的味觉中先天就被定义为"苦"，所以我们第一次喝咖啡或者抽烟的感受，也不会比嚼食槟榔好多少，而香烟带来的烟灰和烟头似乎也没有比嚼食槟榔的残渣好多少。所以以上归纳的原因，都不足以影响槟榔成为全球上瘾的植物。

那真正的原因是什么呢？或许，最核心的原因是在地理大发现的时代（15~17 世纪），欧洲人没有相中这种植物，使它失去了在全球范围流行的机会。因为它没有被欧洲人当作商品，所以它没能流行起来。

我们再来看看与之对应的茶叶、咖啡和烟草。茶叶和咖啡是饮料作物，并且可以和砂糖结合饮用，贵族又引领着使之成为时尚，所以它们天然就带有了商品的属性。在早期具有的稀缺性也促使了它们成为商品。

1　*FAOSTAT*. Food and Agricultural Organization of the United Nations.

2　COURTWRIGHT, D. T. (2009). *Forces of habit: Drugs and the making of the modern world*. Harvard University Press.

而与烟草相比，槟榔最大的弱点是其成瘾性要比烟草弱得多。欧洲的探险家和商人并非没有嚼食过槟榔，根据现有的资料：17 世纪，荷兰商人在斯里兰卡经商时，也会入乡随俗地和当地人一起嚼食槟榔，但他们没有把这样的习惯带回到荷兰[1]。这正是因为槟榔碱的成瘾性要比尼古丁小很多。

从今天的角度来看，这件事对于槟榔这种植物来说多少有点不幸，但是对于人类来说却是幸运的。近些年的研究发现，槟榔是导致口腔癌的直接原因之一。在食用槟榔盛行的地区，超过一半的口腔癌是由食用槟榔导致的[2]。一方面，由于槟榔果实含有很多粗糙的纤维，长期嚼食槟榔会造成口腔黏膜和牙齿的损伤；另一方面，槟榔中含有的生物碱和其他多种化合物，不仅会直接杀死口腔的黏膜细胞，更会导致炎症，造成口腔损伤。正是这样双重且持续的伤害，让槟榔和烟草一样成为了口腔癌的罪魁祸首。2003 年，世界卫生组织下属的国际癌症研究机构在具有充分研究证据的前提下，将槟榔（包括槟榔嚼块、槟榔果）列为 1A 类致癌物（对于人类来说确定致癌的物质）[3]。

这么一想，槟榔没能成为全球性的植物，又似乎有点幸运。不管是烟草、罂粟还是槟榔，它们体内合成的生物碱本身都是为了抵御动物和微生物的入侵，它们被人类发现，又用自己的方式惩罚着人类。或许，这就是人类与植物"相爱相杀"的一个缩影吧。

1　Rooney, D. (1993). *Betel Chewing traditions in South-East Asia*. Oxford University Press, USA.

2　邵小钧, 席庆. 食用槟榔及其与口腔癌间的关系 [J]. 国际口腔医学杂志, 2015, (06)：668-672.

3　WHO (2003, August 7). IARC Monographs Programme finds betel-quid and areca-nut chewing carcinogenic to humans. *World Health Organization*.

结尾　是开始也是结局，用植物的方式思考生命

在英国皇家植物园（邱园）的竹园中，生长着大约 130 种竹子。从 1826 年邱园的园丁收到从澳门寄来的一包紫竹种子开始，这个竹园就一直在扩充自己的藏品 [1]。

1907 年初夏，几乎是一夜之间，竹园中一种名叫淡竹的竹子突然开花了。几天前还郁郁葱葱的一片竹林，此时已经开始变得枯黄。每一个竹节上，都钻出了一串米白色的花穗。不仅成年的淡竹上缀满了竹花，就连刚刚破土不久的幼年淡竹，也毫不例外地同时抽穗开花。

随着种子逐渐孕育成熟，淡竹的叶子彻底枯黄，整片淡竹林中也回荡着一股奇怪的臭味 [2]，久久不散。最终，整个竹园之中没有一株淡竹在这次开花死亡事件中幸存下来，只有数量庞大的种子（竹米）散落在地上。幸运的是，除了淡竹以外，竹园中的其他竹子并没有同时出现开花的现象。

在后来的学术交流中，科学家得知，在邱园中的淡竹开花死亡的同时，远在东半球的日本和中国，也分别在 1907 年和 1909 年出现了两次大规模的竹子开花现象。在日本的九州岛和我国的浙西地区，漫山遍野的竹林都在一夜之间抽穗开花，在孕育种子后枯萎死去。

当时，并没有人把这三次竹子开花事件联系在一起。但随着科学的发展以及东西方学术交流的深入，科学家发现了一件有趣的事：不仅三起事件的主角都是淡竹，而且邱园中的淡竹，正是从日本的九州岛上移植而来，

1　*Bamboo Garden and Minka House*. (n.d.). Royal Botanic Gardens Kew.

2　张世生 . 竹林的开花枯死和恢复的办法 [J]. 四川林业科技通讯 , 1977, (04)：19–21.

而淡竹的故乡也并不是九州岛，它们来自我国的浙西地区。通过基因测序发现，这三个地区的淡竹在基因上完全相同。

这个结果在情理之中，却也在意料之外。你可不要觉得基因相同就理所应当在同一时间开花。淡竹是一生只开一次花的植物，它们从种子发芽到开花死亡之间的时间从 20 年到 60 年不等。中国、日本和英国三个国家远隔重洋，日照不同，温度不同，土壤环境更是大相径庭，饶是基因相同，科学家一时间也找不出导致它们同时开花的原因。

对于竹子开花的问题，植物学界提出了很多假设，其中两种假设占据了主流。第一种叫作外因说，认为竹子开花是因为外界的环境发生了改变。很多次竹子开花之前，当地都发生过干旱或者火灾。这种假说在淡竹案例面前被直接证伪，因为邱园里的淡竹是园艺栽培，一直被照顾有加，根本就没有遭遇过自然灾害。而且，邱园中的其他竹子也没有在这段时间开花。

第二种假设叫作内因说，认为竹子开花具有周期性，和自身发育节律有关。这种说法确实能够解释部分竹子开花的现象，但在全球淡竹同时开花之谜面前却显得十分无力。要知道，基因只能记录信息，却不能充当计时器来使用。到底是什么在精准调控着竹子的生物钟，让它们在长达几十年的时间里遵守着某种约定，不约而同地一起开花、一起死亡呢？内因说并没有给出解释。

在今天，我们的科技已经可以把人类送出地球，造出大型强子对撞机去探索新的粒子，用先进的天文望远镜去探测遥远宇宙的黑洞，但是对于身边最常见的植物，我们却依旧所知甚少。

相较于动物，植物的行为更加不容易被人理解。动物总是有着明确的生存目标，它们要么在觅食，要么在躲避天敌，要么就是在繁衍后代。只要弄懂了动物的生存目标，就不难理解它们，但是植物完全不同，就像是几十年都默默生长的竹子，突然有一天，它们分布在全球各地的种群竟然可以同时开花。它们把开花这种再平常不过的自然现象，竟然玩得如同魔法一般神奇。

如果沿着这个思路思考，你会发现身边那些看起来平平常常的植物，简直就是一些无比怪异的生命。它们用看似简单的身体，完成了不可思议的复杂行为。那么，我们有没有可能换一种思考方式，从植物的视角来看待生命呢？

真的存在植物的视角吗？当然。人类和植物都生活在地球上，我们有着共同的祖先。我们至今共用着同一套遗传密码去繁殖后代。你可能并不知道，我们与一根香蕉之间至少拥有 50% 相同的 DNA 片段。我们在能量运用、蛋白质合成、光线感知、生物钟调控等方面，都与植物有着别无二致的底层机制。

科学家已经在植物身上找到了大约 20 种感官，比如视觉、嗅觉和味觉，它们还有类似于本体感觉的机制，能帮助藤蔓植物的触须抓住攀缘物体。虽然植物的有些感官与人类感官的运行机制不同，但是殊途同归，最终都是为了探测外部环境的变化 [1]。

在动物眼里，除了外部环境，还有一个更加重要的内环境。我们用皮肤保护身体内部；淋巴系统遍布全身各处，及时清除着侵入身体的异物；循环系统努力工作，把养分和热量送达全身各处……身体的各个系统精诚协作，就是为了维持内环境的稳定。

无论是卵生的鱼类，破壳而出的小鸡，还是从母体中娩出的胎儿，所有动物胚胎的成长环境，都相当类似于孕育了单细胞生命的原始海洋。这样看来，动物们似乎并没有学会什么应对新环境的本领，它们所做的一切，不过就是用越来越复杂的机制把自身包裹起来，然后让整套系统工作在类

1　Mancuso, S., & Viola, A. (2015). *Verde brillante. Sensibilità e intelligenza del mondo vegetale.*

似于原始海洋的内环境中。

动物无论是身体结构还是行为，看起来都相当复杂。但如果从适应环境的角度出发，它们执行的似乎是一种以不变应万变的逃避策略。无论是穿衣戴帽，还是挖洞筑巢，无论是迁徙捕猎，还是吃饭睡觉，动物们忙忙碌碌，就是为了维持身体的内环境稳定而已。

反观植物，它们看起来既不会动，又没有高级的器官，但它们对环境的变化却是主动地迎接而不是被动地逃避。植物不存在内外环境的区别，环境的温度几乎就是植物身体的温度。

你可能会觉得，这有什么值得说的？不过就是逆来顺受罢了。你要是这么想，就把事情想简单了。在无风的天气里，巨人柱仙人掌朝阳位置的表皮温度可能高达 60℃，但它们的根系可能处在不到 20℃ 的环境里。高大的杏仁桉，当它们强大的根系在黑暗的土壤中汲取水分时，顶端的枝叶却在 150 米的高空中努力伸展，争夺着来之不易的阳光。

我相信除了正在用热水泡脚的人类以外，世界上再没有任何一种动物或者微生物个体，能够面对如此强烈的外界刺激而不采取逃离或躲避的策略。但是植物恰恰就做出了主动面对恶劣环境的怪异选择。这也正是看起来平平无奇的植物最让人感到不可思议的地方。

为了帮你顺利地代入植物的视角，在解释它们的行为之前，我要先说两个生物学界不证自明的公理。

公理一：存在即合理。这句话的意思是，任何生命，无论它们的行为有多么怪诞，都一定有其合理之处，因为每一个生命个体都是意外获得了某种生存优势的幸存者。

公理二：自然界讨厌浪费。这句话换成一个现在很流行的词汇，就是"内卷"。在漫长的生物演化过程中，那些浪费资源的生物种群或者个体，最终都会在生存竞争中，被能量利用效率更高的物种所取代，这是演化的必然结果。

这两条公理在所有生命身上都适用，但在植物身上体现得更加明显。所有绿色植物都是追求效率的高手。原因非常简单，就是因为光合作用的效率实在低到离谱，如果不能充分提高效率，植物就无法生存下去。

根据光合作用产物的不同，植物的代谢方式大致可以分成碳三、碳四和景天酸这三种。其中采用碳四方式进行光合作用的植物效率最高。不过即便是碳四植物，它们光合作用的效率也不过只有 6%[1]。大部分的碳三植物，它们的光能利用率还不到 1%。

与植物相比，目前商用太阳能电池最高的光能利用率已经有 33% 左右[2]，在实验室中的效率甚至达到了 44%[3]。就算是市面上最普通的太阳能电池，其光能利用率也不会低于 15%。这样的效率，已经把植物远远甩在了后边。

我们似乎找到了问题的根源：光合作用这种获得能量的方式，根本不足以支撑大规模的运动。想要为自身营造一个稳定安逸的内环境，也是需要消耗能量的。而光合作用无法支撑这样的能量消耗。

所以，所谓的植物视角，其实就是在能量优先、效率优先的前提下，思考生命的问题。我们还拿最常见的运动植物——含羞草为例。含羞草只会做一个动作，那就是受到触碰的时候闭合叶片，叶柄下垂。它的运动机制也与动物不同，它们的叶柄细胞膨压变化导致了运动的发生。也可以说，含羞草的叶片是液压驱动的。

1　Food and Agriculture Organization of the United Nations. (1997). *Renewable biological systems for alternative sustainable energy production*. FAO.

2　SHARP CORPORATION. (2022, June 6). *Sharp achieves world's highest conversion efficiency of 32.65% In a lightweight, flexible, practically sized solar module*. Sharp Corporation.

3　SHARP CORPORATION. (2012, May 31). *Sharp develops concentrator solar cell with world's highest conversion efficiency of 43.5%*. Sharp Global.

疯狂的植物

事实上，除了含羞草，还有大量的植物（比如酢浆草、羊蹄甲、合欢花、豌豆等）都能用同样的机制把它们的叶片折叠起来。只不过含羞草折叠叶片，是为了减少暴雨和食草动物带来的伤害，而其他植物只在傍晚才会折叠叶片，目的是减少热量和水分的散发。

我们知道，挖掘机、吊车等工程机械都是液压驱动的。如果植物也把这种液压驱动的运动机制发扬光大，会不会比动物更厉害呢？很遗憾，这样的事情不会发生，因为植物的光合作用根本支撑不了如此之高的能量消耗。

对于植物而言，运动是极为奢侈的事情，只要不是绝对必要，它们就宁愿选择不动。食虫植物是植物中的运动专家，但是绝大多数的食虫植物，比如猪笼草和瓶子草，都是不会运动的。能用守株待兔的方式抓住昆虫，显然是更加高效的生存方式。茅膏菜主要靠黏液捕捉昆虫，只有当昆虫已经被黏液牢牢粘住时，它们才会卷曲叶片，把昆虫包裹起来。食虫植物中最"凶猛"的捕蝇草，也有办法识别出雨滴和昆虫的区别。而且，只有体形合适的昆虫，它们才会出手捕捉，以求一击必中。

除了能不动就不动以外，植物节约能量的手段还有很多。比如说，在授粉和传播种子的过程中，植物会充分利用风力、水力等环境便利，甚至还会把任务"外包"给其他的动物，让别人代替自己运动。

有统计显示，一只蜜蜂每天可以飞行十几千米，扇动翅膀超过100万次，能为3 000朵枣花完成授粉。如此繁重的工作，它们获得的收益仅仅是0.3克左右的花蜜。即便是最黑心的资本家，恐怕也不敢如此剥削自己的工人。对于植物来说，与动物们合作是一个稳赚不赔的买卖。

追求效率，只顾着节约肯定不够，还需要开拓进取。在动物界，除了人类以外，几乎没有哪种动物具有开拓进取的能力。就拿勤劳的蜜蜂来说，每一只蜜蜂的工作能力是基本固定的，蜜蜂想要飞得更快、飞得更远，几乎是不可能的。

植物没有这种限制，它们可以通过扩大身体规模来获得更多的能量。一只山羊如果想要吃到山坡上的青草，就必须爬上山坡，而如果一株爬山虎想要收集山坡上的阳光，它们的选择一定是爬满整个山坡。

动物选择移动，而植物则选择扩张。它们不放弃原有的领地，却贪婪地向周围肆意生长。假如有一天人类灭绝了，那么只需短短十万年的时间，地球表面就会找不到人类存在过的任何痕迹。但是植物却不一样，植物能让地球的大气组成发生改变，也能重塑地球的岩石圈和水圈。假如没有了植物，地球就会和这个宇宙中绝大部分的岩石行星一样，变得干燥且死寂。而且植物似乎也完全适应了地球的环境，无论多恶劣的环境和气候，从撒哈拉沙漠到南极大陆，我们总能找到植物的身影。有科学家做过统计，在1公顷的温带森林中，植物总重约有300~400吨，而所有动物加起来的质量仅为100~500千克。在这片森林中，植物占据了生物总量的99.8%。

为什么植物能够做到的事情，动物却做不到呢？这是因为植物与动物的细胞组织方式有所不同。对于动物来说，死去的细胞不仅无用，而且有害，所以动物会主动清除掉这些死亡的细胞，然后通过循环系统和排泄系统将它们排出体外。

但是对于植物来说完全不是这样，那些死去的细胞常常比它们活着的时候更有价值。当植物被真菌侵害的时候，常常会留下一个棕色的瘢痕，这些瘢痕正是死亡的植物细胞。植物细胞死后，周围的细胞可以把死亡细胞体内的水分迅速吸收，死细胞就变成了一个由纤维素制成的空壳。这个空壳不仅结实，还能把健康细胞与真菌隔离开来，起到保护的作用。

比如，对于双子叶植物来说，在茎部真正活着的细胞只有中间的薄薄一层，剩余的树芯和树皮都是已经死去的细胞。这些死细胞完全不消耗任何养分，却仍然兢兢业业地为植物提供着服务：靠近内部的树芯可以支撑树木长得越来越高，靠近外部的树皮既可以成为运输营养物质的通道，又可以起到保护植物的作用。对于植物来说，没有任何一个细胞是浪费的。这样利用死细胞武装自己的例子，体现在植物的每一个器官上。正是这样一个活细胞和死细胞混杂的结构，让植物能以最小的代价攻城略地，直至占领地球上的每一寸土地。

今天，动物的克隆技术还处于研究阶段，人类的克隆因为伦理学问题更是几乎停滞。但是对于植物来说，克隆现象是再平常不过的事。在干旱的奇瓦瓦沙漠里，一株活了上百年的仙人掌由于过度衰老，支撑不住巨大的树冠而轰然倒地，仙人掌的侧芽摔得七零八落。但是有趣的是，每一个折断的侧芽都在几个月后生出了新根，长成了一棵全新的植株。这种现象在植物界每时每刻都在发生。只需要一段枝条或者侧芽，甚至只需要一片叶子，就可以得到一棵新的植株。

在实验室里，只需要一小团细胞，就可以培育出完整的植株，这种技术叫作组培。组培技术可以快速得到一种植物的海量克隆个体，是人工育种最有效的手段。不知道你想过没有，这些通过组织细胞培育出来的植株，与提供细胞的母体是什么关系呢？新培育出来的植株与母体具有一模一样的基因，那它们算是同一株植物吗？

你之所以会感觉困惑，只是因为你是从人类的视角来看这个问题。每个人都有父母，每个人的人生都会从童年走到老年，所以我们会很自然地把植物培育新植株与人类孕育后代进行对比，因此感觉很怪异。但如果从植物的角度来思考这个问题，那这一切根本就不是问题。

前面已经讲过，对植物而言，它们没有内部环境，更没有维护内部环境的需求。植物的细胞不断地分裂，那些新生的组织就如同刚刚出土的幼苗一样稚嫩和年轻。某种意义上来说，植物是不死的——至少可以不死。

对于植物来说，有性繁殖只是延续生命的形式之一，它虽然带来了基因多样化的群体优势，但是对于产生种子的植株本身并非必要，无性繁殖同样也是植物延续种群的重要形式。

植物没有神经和大脑，不存在任何负责统一控制的器官。所以，任何一小块植物的组织，在条件许可的时候，都可以脱离母体独立生存。最重要的一点是，因为植物没有自己的内环境，所以离开母体对于新的个体来说并没有本质的差别。

某种意义上来说，植物更像是一个社会，每个人就对应着植物的每一个细胞。植物的细胞与人一样，虽然也有分工，却并非不能互相取代。就好比一个地区的所有理发师都走了，也不会让社会因为没有理发师而崩溃，因为很快就会有其他职业的人转行成为理发师，继续为周围的人群提供服务。在一株植物上，植物细胞也会存在细致的分工，但在必要的时候，每一个细胞都有可能重新分工，发育成任何需要的植物器官。这就是植物细胞的全能性。

这是一个非常重要的植物视角。当所有细胞都有可能互相取代时，植物体内部就出现了竞争。寒冷的天气里，如果人的手脚供血不足，就会出现手脚冰凉甚至组织坏死的状况。这时候，我们只能用搓手、烤火、泡脚的方法恢复手脚的温度。从来没有人想过，是不是可以在手上、脚上再长出一个心脏来。

但是细胞全能的植物完全不同。当植物逐渐长大，根系为较远位置的枝条供应水分的能力逐渐减弱时，很多植物都会直接长出气根。榕树的气根可以从几米高的树梢上垂落下来，一直钻入土里。这些气根既能提供养分，也能提供支撑能力。如果把那些气根已经长得很牢固的树枝从树上锯下来，它们绝对不会死掉，它们会与新生的气根一起，变成一棵独立的榕树。

再举个例子。在植物的生长过程中，存在一种名叫"顶端优势"的现象。生长在最高处的顶芽，会通过生长素的浓度抑制下面的侧芽生长，甚至让侧芽处于休眠状态。严重的情况下，植物的侧芽可能会由于养分缺乏而枯萎死亡。这也是发生在植物身上的竞争现象。正是这种竞争，让植物的生命变得顽强。

竞争之余，植物当然也需要协作。它没有中枢系统，所以它必须有一套信息交流的机制去调和不同器官和不同部位的竞争。虽然这与人类的语言大不相同，但我仍然愿意称之为"植物的语言"。它的作用就是传递环境中的信息，既可以是植物激素，也可以是电信号或者其他化学物质。刚刚提到的气根生长和顶端优势，都是植物的各个器官之间交流的结果。

植物的语言能力，不仅仅体现在个体层面，对于群体来说这种方式同样奏效，因为很可能整个群体都起源自同一株植物。就比如对于一片竹林来说，每一根竹子看起来都是单独的个体，但实际上它们藏在地下的根部一直都连在一起，漫山遍野的一大片竹林，其实都是同一株植物。所以，当竹子通过信息素协调了开花时间后，就为整片竹林定了一个化学闹钟，即便是这些竹子的根部分开成为独立的两片竹林，闹钟的倒计时也不会改变。这正是在 1909 年前后，三个地方的淡竹都统一开花的原因。即使隔着千山万水，英国、日本的淡竹，依然是中国淡竹不可分割的一部分。当化学闹钟统一响起的时候，它们自然会一起绽放出花朵。

更加神奇的是，这种基于化学物质的调控很可能会跨植株，甚至跨物种地发生作用。植物虽然品种不同，但它们之间很可能共享着相同的化学语言。在土壤中，植物的根系总是均匀立体地布满了整个地下空间。即便是不同植物混种在一起，它们的根系也能巧妙地保持距离，从来不会发生根系互相缠绕的状况。

森林中，一些树种会互相竞争，抢占高处的阳光。但是有意思的是，这种植物之间的竞争竟然也会遵循某种规律，不会盲目厮杀。它们的树冠之间互不遮挡，保持着微妙的安全距离。它们就像同属于一个行业协会的企业一样，保持着激烈却良性的竞争。

植物的个体就像是人类的社会，内部可以存在竞争，外部也可以共同合作。植物没有永恒的敌人，却努力守护着永恒的利益。个体是脆弱的，但把自身活成了一个社会的植物挣脱了束缚，成了更加强大的存在。正因如此，植物拥有了重塑地球的能力，也正是这样的能力，才得以支撑包括我们人类在内数量庞大的动物和异养微生物的生长，最终形成了今天的地球。

植物已经和我们这个地球牢牢绑定在了一起。与之相比，我们人类就像是一个匆匆过客。人类对于植物的了解其实还远远不够，我们很难想象这些生活了几十亿年的生物究竟还有哪些智慧。但或许这就是科学探索的魅力，关于植物的故事永远在继续。

图书在版编目（CIP）数据

疯狂的植物 / 汪诘，何慧中著 . —长沙：湖南科学技术出版社，2024.8
ISBN 978-7-5710-2672-1

Ⅰ.①疯⋯ Ⅱ.①汪⋯ ②何⋯ Ⅲ.①植物—关系—生物因素—研究 Ⅳ.① Q948.12

中国国家版本馆 CIP 数据核字（2024）第 014408 号

FENGKUANG DE ZHIWU
疯狂的植物

著者
汪诘 何慧中

出版人
潘晓山

策划编辑
李蓓

责任编辑
吴诗

营销编辑
周洋

出版发行
湖南科学技术出版社

社址
长沙市芙蓉中路 416 号
泊富国际金融中心 40 楼

网址
http://www.hnstp.com

湖南科学技术出版
社天猫旗舰店网址
http://hnkjcbs.tmall.com

印刷
长沙超峰印刷有限公司

厂址
宁乡市金州新区泉洲北路 100 号

邮编
410600

版次
2024 年 8 月第 1 版

印次
2024 年 8 月第 1 次印刷

开本
710 mm×1000 mm　1/16

印张
16.75

字数
208 千字

书号
ISBN 978-7-5710-2672-1

定价
79.00 元